FERROVIAS, MERCADO E POLÍTICAS PÚBLICAS

JOÃO FELIPE RODRIGUES LANZA

FERROVIAS, MERCADO E POLÍTICAS PÚBLICAS

As shortlines como solução para o transporte ferroviário no Brasil

Editora
Labrador

Copyright © 2020 de João Felipe Rodrigues Lanza
Todos os direitos desta edição reservados à Editora Labrador.

Coordenação editorial
Erika Nakahata e Pamela Oliveira

Revisão
Daniela Georgeto

Projeto gráfico, diagramação e capa
Felipe Rosa

Imagem de capa
Pátio Eng. Paz Ferreira, Ferrovia Teresa Cristina.
Fotografia de Daniel Simon, 14 de julho de 2013.

Assistência editorial
Gabriela Castro

Preparação de texto
Marina Saraiva

Dados Internacionais de Catalogação na Publicação (CIP)
Angélica Ilacqua – CRB-8/7057

Lanza, João Felipe Rodrigues
    Ferrovias, mercado e políticas públicas : as shortlines como solução para o transporte ferroviário no Brasil / João Felipe Rodrigues Lanza. – São Paulo : Labrador, 2020.
    160 p. : color.

Bibliografia
ISBN 978-65-5625-006-9

1. Ferrovias – Brasil 2. Transporte ferroviário 3. Transporte ferroviário – América do Norte I. Título

20-1711   CDD 385.0981

Índice para catálogo sistemático:
  1. Transporte ferroviário

EDITORA Labrador

Editora Labrador
Diretor editorial: Daniel Pinsky
Rua Dr. José Elias, 520 – Alto da Lapa
05083-030 – São Paulo – SP
+55 (11) 3641-7446
contato@editoralabrador.com.br
www.editoralabrador.com.br
facebook.com/editoralabrador
instagram.com/editoralabrador

A reprodução de qualquer parte desta obra é ilegal e configura uma apropriação indevida dos direitos intelectuais e patrimoniais do autor.

A editora não é responsável pelo conteúdo deste livro. O autor conhece os fatos narrados, pelos quais é responsável, assim como se responsabiliza pelos juízos emitidos.

Ideias, e somente ideias, podem iluminar a escuridão.
Ludwig von Mises

AGRADECIMENTOS

A ideia de escrever sobre o tema das shortlines surgiu durante as pesquisas da minha iniciação científica *Gestão de ferrovias no Brasil: entraves e soluções* (originalmente intitulada *Entraves regulatórios e propostas de gestão para o setor ferroviário brasileiro*), cujo objeto de pesquisa era o mapeamento dos entraves ao desenvolvimento das ferrovias no Brasil. A proposta do fomento de ferrovias de pequeno porte me foi dada por Jean Carlos Pejo, então secretário-geral da Associación Latinoamericana de Ferrocarriles (ALAF) e principal divulgador desse tema bastante pertinente no cenário atual das ferrovias, e que ainda não possui nenhuma publicação estruturada e de abordagem global.

Logo, devo agradecer primeiramente à professora Priscila Miguel, minha orientadora da iniciação científica, que me guiou no desenvolvimento desses trabalhos durante a minha graduação com um acompanhamento atencioso, muita paciência e dedicação.

Ainda, também devo agradecer aos meus pais, Regina e Mário, pela oportunidade de estudar nesta fantástica instituição que é a Escola de Administração de Empresas de São Paulo (EAESP), da Fundação Getulio Vargas; e aos meus amigos da FGV, Alexandre Pedroso, Amanda Jacobowski, Bruno Schiavo, Caio Turcato, Cecilia de Gouveia, Henrique Conrado, Henrique Ishiyama, Konstantin Triantafylopoulos, Leonardo Leite, Leonardo Mello, Leonardo Paulino, Micael Datolli, Pedro Lobo Carvalho, Pedro Paolo Camano, Renata Mesquita, Roberto Massaro, Sarah Meca Lima e Vitor Kato, pela companhia durante esses anos na graduação. Agradeço também a todos os meus correspondentes ferroviários com quem tanto compartilhei conhecimento e aprendi sobre história ferroviária durante a realização deste trabalho.

Por fim, à minha antiga professora Rosmeire Pires, cuja ajuda nos tempos de Ensino Médio e cursinho foi fundamental para que eu adquirisse a habilidade para escrever, sem a qual a realização deste livro seria muito mais difícil; e à minha correspondente jornalista Sonia Zaghetto, pelo apoio e acompanhamento no desenvolvimento e publicação desta obra. Agradeço aos meus amigos que foram pacientes e compreensivos com o esforço exigido, e que me dispensam do longo e árduo trabalho de citar todos os nomes aqui.

SUMÁRIO

Prefácio 11

PARTE I: INTRODUÇÃO 17
   1. Apresentação das ferrovias 19
   2. Objetivos da obra 23
   3. Metodologia de pesquisa 26

PARTE II: O TRANSPORTE FERROVIÁRIO 29
   4. As ferrovias no mundo 31
   5. Monopólios e concorrência no setor ferroviário 34
   6. Ferrovias e regulação 38
   7. A teoria do monopólio natural 43
   8. Conclusões 54
   9. Definição de shortlines 57

PARTE III: AS FERROVIAS BRASILEIRAS 61
   10. As ferrovias brasileiras 63
      Shortlines no contexto brasileiro 65
      O fim da era ferroviária 73
      As ferrovias do Brasil moderno 78

PARTE IV: AS FERROVIAS NORTE-AMERICANAS 99
   11. As ferrovias norte-americanas 101
      A era dos Rail Barons e a ascensão do movimento antitruste 105
      Cartelização, crise ferroviária e desregulamentação 109
      As ferrovias mexicanas 119
      O fenômeno das shortlines 123

PARTE V: CONCLUSÕES **129**
   12. Análise comparativa dos mercados ferroviários................... 131
   13. Entraves ao desenvolvimento das shortlines no Brasil........ 134
   14. Considerações finais 137

ANEXOS **143**
   Linha do tempo 145
   Abreviações 146
   Guia de figuras 148
   Guia de tabelas 150

REFERÊNCIAS BIBLIOGRÁFICAS **151**
   Decretos e leis 151
   Publicações 153
   Websites 158

PREFÁCIO

Ao longo da história, a engenharia ferroviária gerou, para os homens de visão que nela investiram, os paradoxais resultados do pioneirismo: lucros extraordinários, poder imenso e perdas abissais. Os chamados caminhos de ferro são nomes fortes e significativos que traduzem a trajetória do setor e incendeiam a imaginação dos homens. As teias tecidas de ferro rasgaram a terra, mudaram a nossa forma de deslocamento e foram incorporadas ao cotidiano, mas jamais se confinaram ao seu segmento. Extrapolaram para outras áreas, gerando metáforas que tomaram a arte e a vida humana.

Um livro como este, portanto, não se resume à letra fria e à análise dos números. Ao abraçar a ideia de escrever sobre o tema, João Rodrigues talvez nem se tenha dado conta, mas também incorporou à sua atividade estudantil-profissional um cadinho do sonho e do idealismo que marcaram as grandes obras estruturantes e, particularmente, a história das ferrovias. A proposta de um estudo voltado para o fomento de ferrovias de pequeno e médio portes pode ser inserida nas iniciativas individuais valorosas que todo cidadão consciente deveria incorporar à sua prática cotidiana: a de contribuir para o crescimento do país, ao levantar pontos relevantes de discussão capazes de gerar desenvolvimento e bem-estar à coletividade. João Rodrigues não se esquivou de mergulhar profundamente na investigação científica a fim de fazer um diagnóstico exato do segmento. Este livro tem a virtude de apresentar um painel robusto sobre o setor ferroviário no Brasil, apontando com precisão os fatores que levaram ao atual cenário.

Essencialmente desenvolvida em torno de corredores de exportação, a rede ferroviária brasileira cresceu de forma desorganizada, sob políticas públicas pouco rigorosas e com grande parte da malha construída de forma precária. O resultado todos conhecemos: a insolvência das dezenas de estradas de ferro espalhadas pelo território nacional de forma desconexa, não integrada e inconsistente. Tal desempenho sofrível foi decisivo para causar nos investidores uma percepção negativa em relação ao modal ferroviário. O país voltou-se para as rodovias como alternativa para a construção de uma rede de transportes terrestres de abrangência nacional. Paralelamente, o avanço da participação estatal sobre o setor ferroviário e a redução do ritmo de expansão das estradas de ferro contribuíram para o comprometimento da rentabilidade das ferrovias. Nem a unificação das companhias ferroviárias e demais reestruturações promovidas pelas estatais evitaram o colapso. Este veio na década de 1990, e os investimentos só foram retomados após o Programa Nacional de Desestatização — iniciativa bem-sucedida apenas em curto prazo, ao reverter a precariedade do sistema ferroviário. No entanto, a ausência de incentivos à ampliação e diversificação dos serviços, somada a uma forte restrição à entrada de novas companhias no mercado, fez com que a desestatização falhasse fragorosamente em promover o desenvolvimento do setor a longo prazo.

Ao explicitar as causas históricas que conduziram ao atual panorama, João sublinha que, ainda hoje, o Brasil amarga custos logísticos inaceitáveis, decorrentes da forte dependência do modal rodoviário para o transporte de mercadorias — uma dependência que pode ter consequências catastróficas para a coletividade, como ficou transparente no episódio da greve dos caminhoneiros de 2018, que paralisou grande parte do mercado nacional e deixou reféns o Governo Federal, as empresas e a população brasileira.

Naquele mesmo ano de 2018, os 29,3 mil quilômetros de extensão da rede ferroviária rendiam uma participação esquálida no transporte de mercadorias — apenas 28%. Em resumo, somente em 2018 entendeu-se que deveria haver alternativas ao transporte rodoviário e que as ferrovias são, obrigatoriamente, parte da solução. Uma solução subestimada até então, diga-se. Um exame do segmento ferroviário no Brasil revela que, malgrado as significativas melhorias operacionais, de segurança e de produtividade nos anos que se seguiram à privatização do setor na década de 1990, o mercado ferroviário brasileiro ainda enfrenta obstáculos variados, decorrentes da falta de incentivos à concorrência e das barreiras a novos participantes.

É um cenário complexo, aglutinado basicamente nas regiões Sul e Sudeste, disperso, sob concentração monopolista, amargando a ausência de planejamento multimodal, centrado no transporte de commodities para exportação e ressentindo-se da ausência de uma rede de ferrovias regionais capaz de ampliar a capilarização das ferrovias principais e permitir uma diversificação no portfólio de serviços.

Todo este panorama resulta em baixa diversificação de serviços e em preços proibitivos, deixando o país na contramão da tendência mundial, que investe pesadamente no mais eficiente modal terrestre no que se refere a custos, capacidade, eficiência e inovação.

É surpreendente que tal fato aconteça, uma vez que, apesar de ser a décima mais extensa do mundo, a rede ferroviária brasileira é insuficiente para o atendimento adequado das demandas de um país de dimensões continentais. Isso se dá por diversos fatores — distribuição geográfica irregular, pouca integração entre as diversas malhas, pequena utilização da malha ferroviária (mais da metade está ociosa), baixa concorrência no mercado ferroviário, e as questões regulatórias herdadas das recorrentes intervenções estatais no setor.

Diagnóstico feito mediante uma discussão aprofundada sobre os atuais entraves ao desenvolvimento das ferrovias no Brasil, este livro não se resume a apontar a raiz e a natureza dos problemas. Parte com o mesmo diapasão para a proposição de soluções viáveis. Entre as diversas alternativas disponíveis para eliminar os gargalos que entravam o setor ferroviário no país, Rodrigues optou pelas shortlines — ferrovias de pequeno porte, de alcance local ou regional. Para isso, propôs-se a fazer uma revisão da literatura ferroviária sobre as shortlines no Brasil e na América do Norte. É de se notar que nos Estados Unidos e no Canadá grande parte da malha desativada pelas grandes companhias ferroviárias vem sendo revitalizada com sucesso pelas shortlines. Em oposição, tais linhas permanecem ociosas ou subutilizadas no Brasil.

O estudo de Rodrigues aponta, com segurança, um conjunto de propostas de reformas que viabilizem esse tipo de ferrovia no Brasil. Não é pouco. Para tal, valeu-se de dados sólidos, de um completo levantamento sobre a trajetória social, política e econômica das ferrovias no Brasil, nos Estados Unidos, no Canadá e no México. Assim, é de se louvar a iniciativa de um jovem pesquisador que se dedica a estudar alternativas viáveis para o incremento da competitividade das ferrovias brasileiras e o consequente aumento de sua participação na matriz de transportes nacional.

Ao expor as similaridades dos sistemas ferroviários brasileiro e norte-americano, Rodrigues aponta a implantação de shortlines no Brasil como alternativa capaz de beneficiar o mercado ferroviário brasileiro mediante a utilização de práticas com características semelhantes já testadas e bem-sucedidas em outros países. Para isso, compilou e analisou o assunto de forma aprofundada, revisou paradigmas sobre a gestão e a regulação do setor à luz das teorias da Escola Austríaca de Economia, acrescentando uma descrição detalhada das shortlines e sua contextualização no cenário mundial. Com rara perícia e agudeza, mapeou os possíveis entraves ao desenvolvimento das shortlines no Brasil e elencou propostas para facilitar e incentivar esse modelo de ferrovia no país. Assim, juntou-se à discussão sobre o incremento da competitividade das ferrovias no transporte de mercadorias fora do modelo "heavyhaul" e contribuiu para o debate sobre eventuais políticas públicas voltadas para os transportes e a infraestrutura no Brasil.

No mínimo, um trabalho dessa envergadura é uma sólida contribuição para uma reflexão madura sobre o segmento ferroviário em um país que maciçamente explora minérios e produz grãos e combustíveis, mas, paradoxalmente, subestima e não investe num setor de alto potencial, maior segurança, competitividade e menor impacto ambiental. A seriedade e o apuro técnico do estudo contidos neste livro o credenciam para tal.

Sonia Zaghetto

*Locomotiva SD70 da Alaska Railroad conduzindo o trem Denali Express, com destino a Whittier, no Alasca. Muitos estados dos Estados Unidos da América são servidos apenas por shortlines, como é o caso do Alasca, cuja rede ferroviária é totalmente isolada do restante do país e operada pela Alaska Railroad. A companhia ferroviária classe II pertence ao governo estadual e é responsável pelo transporte tanto de mercadorias quanto de passageiros entre o litoral e o interior.
(Fotografia tirada por Aaron Pedersen em 7 de julho de 2017.)*

Composição de carga da Montana Rail Link (MRL) liderada pela SD70 nº 4405 passando por Muir, Montana. Como uma das maiores shortlines dos Estados Unidos, a MRL transporta uma ampla gama de mercadorias, como carvão, grãos, insumos e produtos industriais e contêineres. (Fotografia tirada por James W. Husband em 16 de setembro de 2016.)

PARTE I
INTRODUÇÃO

Após deixar e coletar alguns vagões de carga em Fredericton Junction, um trem de carga da New Brunswick Southern Railway segue seu destino em Tracy, New Brunswick, Canadá. (Fotografia tirada por Matt Landry em 31 de janeiro de 2017.)

1
APRESENTAÇÃO DAS FERROVIAS

Desde seu surgimento, no começo do século XIX, as ferrovias constituem um dos principais meios de transporte de pessoas e mercadorias ao redor do mundo, destacando-se como o mais eficiente modal terrestre em termos de custos, capacidade, segurança e sustentabilidade. O papel catalisador de transformações socioeconômicas promovido por esse meio de transporte o transformou em objeto de inúmeros estudos econômicos e obras de arte da cultura popular ao longo do tempo. Consolidando-se como o principal meio de transporte terrestre no mundo ocidental durante o período conhecido como *Belle Époque* (1871-1914), o modal ferroviário foi considerado o mais eficiente e inovador do mundo até o desenvolvimento do transporte rodoviário, iniciado no período entreguerras (1918-1939), e que rapidamente mostrou-se uma alternativa mais promissora em razão da maior flexibilidade e de menores custos de implantação.

No século XIX, as ferrovias foram amplamente responsáveis pelo desenvolvimento da América do Norte, por meio de uma rápida expansão que propiciou grandes reduções de custos de transporte para diversas indústrias. O mercado ferroviário estadunidense foi o mais competitivo do mundo até a criação da ICC (Interstate Commerce Commission) em 1887 pelo Interstate Commerce Act, por meio do qual o governo dos Estados Unidos passou a regular o setor ferroviário para garantir tarifas justas e eliminar a discriminação de preços por parte das companhias ferroviárias. Posteriormente, a jurisdição da ICC foi estendida para o transporte rodoviário e para as telecomunicações.[1] Segundo Dilorenzo (1985), na prática, a agência reguladora foi criada por pressões de grupos de interesse que reivindicavam mais do que um mercado competitivo podia lhes oferecer; e não tardou para que a ICC cartelizasse a indústria ferroviária e a usasse em benefício das companhias ferroviárias e dos operadores rodoviários.

Com o passar do tempo, as ferrovias começaram a enfrentar uma concorrência cada vez maior de outros modais de transporte. Na época da Segunda Guerra Mundial (1939-1945), já havia redes de estradas de rodagem bem desenvolvidas na América do Norte, e o desenvolvimento da aviação civil logo se mostrava um novo concorrente às ferrovias, principalmente no transporte de passageiros de longas distâncias.[2] Essa situação era agravada pelas fortes regulamentações impostas pela ICC, que causavam sérios prejuízos às companhias ferroviárias por causa do tabelamento de fretes e das restrições ao abandono de serviços deficitários.

O declínio das companhias ferroviárias estadunidenses pode ser notado na trajetória da Pennsylvania Railroad:[3] no início do século XX, havia um dito popular de que a caneta do dirigente da companhia tinha mais poder que a do presidente dos Estados Unidos, visto que a receita da empresa era maior que a arrecadação de impostos do governo federal. Em 1946, ela apresentou prejuízos pela primeira vez em sua história, e 22 anos depois realizava uma fusão com sua lendária concorrente New York Central,[4] com o objetivo de deixar de

---

1. A indústria de telecomunicações desenvolveu-se de forma bastante próxima da ferroviária, visto que a principal causa para a necessidade do desenvolvimento de formas mais rápidas de comunicação entre diversas comunidades era o desenvolvimento ferroviário; por isso, a regulação do setor de telecomunicações foi desenvolvida em conjunto com a ferroviária.
2. De acordo com a Confederação Nacional dos Transportes (2013), distâncias iguais ou superiores a 1,6 mil quilômetros.
3. Para mais detalhes sobre a Pennsylvania Railroad, ver o site disponível em: https://www.american-rails.com/pennsylvania-railroad.html. Acesso em: 2 jan. 2020.
4. Para mais detalhes sobre a New York Central, ver o site disponível em: https://www.american-rails.com/new-york-central.html. Acesso em: 2 jan. 2020.

lado a concorrência intramodal para priorizar a intermodal. Todavia, a Penn Central[5] fracassou em seu objetivo e, em 1970, foi protagonista da maior falência da história dos Estados Unidos até então.

A situação somente seria revertida em 1980, quando o então presidente dos Estados Unidos, Jimmy Carter, assinou o Staggers Act, por meio do qual o regime regulatório vigente desde o Interstate Commerce Act, em 1887, foi abolido. O amplo programa de reestruturação e desregulamentação do setor ferroviário estadunidense deu início a um fenômeno mundial de abertura de mercado no setor de transportes, impulsionado na Europa pela Diretiva 440/1991 (também conhecida como First Railway Directive, ou First Railway Package), com a qual se flexibilizaram a prestação de serviços e a fixação de fretes para as companhias ferroviárias, abrindo-se o mercado para novos entrantes, denominados Operadores Ferroviários Independentes (OFIs). Segundo Durço (2015) e Pinheiro e Ribeiro (2017), a desregulamentação do transporte ferroviário logo tornou-se um fenômeno mundial, em decorrência da ineficiência dos modelos regulatórios baseados em gestão estatal, e vem provocando uma notável mudança de paradigma que tinha se enraizado na mente de diversos governantes, no decorrer do século XX, de que o setor de transportes é um bem que deve ser controlado ou regulado pelo Estado.

No Brasil, embora o desenvolvimento das ferrovias tenha surgido fortemente atrelado à necessidade de desenvolvimento de uma rede de transportes de integração nacional, sempre houve dificuldades no desenvolvimento de um sistema ferroviário integrado. Essencialmente desenvolvida em torno de corredores de exportação, a rede ferroviária brasileira cresceu nos primeiros anos de forma pouco organizada, e, em decorrência de políticas pouco rigorosas, grande parte foi construída de forma precária, de modo que, no início do século XX, a insolvência das dezenas de estradas de ferro espalhadas

---

5. Para mais detalhes sobre a Penn Central, ver o site disponível em: https://www.american-rails.com/penn-central.html. Acesso em: 2 jan. 2020.

pelo território de forma desconexa e precária causava sérios problemas financeiros para a União.

Posteriormente, o mau desempenho que diversas ferrovias apresentavam no longo prazo contribuiu para o desalento nas elites e na classe política em relação ao modal ferroviário e para o surgimento de uma nova esperança na construção de rodovias como forma de constituir uma rede de transportes de abrangência nacional. Como observado por Nunes (2016), a primeira metade do século XX foi marcada pelo gradual avanço da participação estatal no setor ferroviário, pela redução no ritmo de expansão das ferrovias e pela crescente concorrência com o modal rodoviário, que começou a minar seriamente a rentabilidade das ferrovias (e, consequentemente, as finanças públicas). Mesmo com a unificação das cerca de vinte companhias ferroviárias pertencentes ao Governo Federal, criando a Rede Ferroviária Federal S.A. em 1957, e mesmo com a união das principais ferrovias estaduais paulistas, formando a Ferrovias Paulistas S.A. em 1971 — além das posteriores reestruturações promovidas pelas estatais —, o transporte sobre trilhos declinou até a beira do colapso na década de 1990.

Os investimentos só foram retomados após a desestatização de ambas as estatais no Programa Nacional de Desestatização na mesma década, com a privatização das ferrovias em um regime de concessões. Todavia, conforme descrito por Durço (2015), o programa foi bem-sucedido apenas na reversão da situação precária do sistema ferroviário no curto prazo; na promoção do desenvolvimento do setor no longo prazo, mostrou-se falho. Segundo Carvalho e Paranaíba (2019), o fracasso desse regime regulatório em garantir um crescimento sustentável e de longo prazo se deve à ausência de incentivos concorrenciais para que as empresas ampliem e diversifiquem seus serviços e à forte restrição à entrada de novas companhias no mercado.

2
OBJETIVOS DA OBRA

Entre todos os países de dimensões continentais, o Brasil é o que mais sofre com custos logísticos, decorrentes da forte dependência do modal rodoviário para o transporte de mercadorias. Com cerca de 29,3 mil quilômetros de extensão[6] e uma participação de cerca de 28% no transporte de mercadorias, a rede ferroviária brasileira possui uma extensão insuficiente para atender de forma adequada às demandas do país e uma distribuição geográfica irregular: concentrada nas regiões Sul e Sudeste e mais dispersa nas regiões Norte, Nordeste e Centro-Oeste. Ainda, outros problemas que afetam a competitividade das ferrovias no Brasil são: (I) a falta de integração entre as diversas ilhas ferroviárias que compõem o sistema ferroviário brasileiro; (II) a concentração monopolista do mercado ferroviário em poucas empresas concessionárias dos serviços; (III) a falta de planejamento multimodal; (IV) a concentração no transporte de commodities para exportação; e (V) a falta de uma rede de ferrovias regionais para ampliar a capilarização das ferrovias principais e permitir uma diversificação no portfólio de serviços.

Das diversas propostas existentes para o incremento da competitividade das ferrovias e para o aumento de sua participação na matriz de transportes nacional, a pauta das shortlines é uma das menos explora-

---

6. Dados da ANTT (2018).

das e talvez a de maior potencial. Tendo em vista as similaridades dos sistemas ferroviários brasileiro e norte-americano, como: (I) a especialização no transporte de mercadorias caracterizado por composições de grande porte; (II) a opção pela manutenção da integração vertical, com companhias ferroviárias proprietárias dos serviços de infraestrutura e transporte; (III) a especialização em operações de grande porte; e (IV) a presença de grandes extensões de ramais subutilizados ou abandonados, a implantação de shortlines no Brasil é um bom exemplo de como o mercado ferroviário brasileiro pode se beneficiar de práticas já testadas e bem-sucedidas em outros países. Embora muito tenha sido escrito sobre a proposta das shortlines no Brasil, a ideia carece de maiores discussões e amadurecimento; portanto, este livro é dedicado à compilação e à análise do assunto de forma densa e aprofundada.

Portanto, as questões que esta obra visa analisar são: como as shortlines podem reduzir a forte dependência do transporte ferroviário no Brasil; quais os entraves ao seu desenvolvimento; e o que pode ser feito para fomentar o desenvolvimento desse tipo de ferrovia no país. Neste livro, será inicialmente feita uma revisão dos aspectos históricos e técnicos do transporte ferroviário, com o objetivo de repensar determinados paradigmas sobre a gestão e a regulação do setor, à luz da teoria da Escola Austríaca de Economia, junto com uma descrição das ferrovias denominadas shortlines e sua contextualização no cenário mundial. Em seguida, serão apresentadas as características históricas e técnicas das ferrovias no Brasil e realizado o estudo de caso do mercado ferroviário norte-americano. Por fim, serão mapeados os entraves ao desenvolvimento das shortlines no Brasil e listadas algumas propostas para facilitar e incentivar esse tipo de ferrovia no país. Em resumo, o objetivo desta obra é contribuir para eventuais políticas públicas voltadas a transportes e infraestrutura no Brasil e induzir o leitor a uma reflexão do enorme potencial de crescimento do transporte ferroviário no país.

Esta parte do livro, parte I, é dedicada apenas à apresentação do tema e da metodologia de pesquisa utilizada para o estudo e as propostas do livro. Na parte II serão aprofundados os conceitos do referencial teórico, enquanto as partes III e IV contemplam o estudo histórico das ferrovias no Brasil e nos países da América do Norte, com o objetivo de fornecer as bases para a discussão sobre o fenômeno das shortlines como categoria de companhia no mercado ferroviário. Por fim, a parte V apresenta a análise comparativa dos mercados nos países estudados e o diagnóstico dos entraves ao desenvolvimento de shortlines no Brasil. O livro é encerrado com a apresentação de propostas para a viabilização desse tipo de ferrovia com base no cenário atual do setor ferroviário brasileiro.

3
METODOLOGIA DE PESQUISA

O método utilizado na realização deste trabalho é a análise praxeológica, que consiste em uma abordagem lógica e dedutiva dos fenômenos econômicos, segundo a qual as leis econômicas devem ser logicamente dedutíveis e interpretadas de forma não contraditória. Segundo Mises (1950), o modelo teórico para a pesquisa científica deve ser elaborado de modo que, assumindo que as suposições iniciais sejam verdadeiras, as conclusões sejam tão válidas quanto qualquer resultado — da mesma forma que na Geometria Euclidiana. A invalidez da metodologia positivista (baseada no empirismo e na indução), predominantemente utilizada para a análise das chamadas Ciências Sociais, deve-se ao fato de os fenômenos econômicos serem (I) fruto da ação humana e não observáveis no mundo exterior, (II) eventos complexos produzidos por uma infinidade de fatores que impossibilitam a observação isolada de qualquer fenômeno, mantendo inalteráveis as demais condições sociais, e (III) desprovidos de relações constantes que possibilitem a elaboração de teorias a partir de dados estatísticos.

Baseada no raciocínio definido por Menger (1871) como causal-realista, a análise austríaca procura descrever os fenômenos socioeconômicos de forma simples e realista, evitando modelos abstratos frequentemente utilizados na economia convencional. A pesquisa realizada nesta obra utiliza como principais pressupostos teóricos os conceitos da Escola Austríaca de Economia complementados pela

Teoria da Escolha Pública da Escola de Chicago. O referencial teórico é então confrontado com as informações coletadas em uma revisão de literatura de livros, relatórios e leis referentes à história das ferrovias nos países analisados, e, no final, são apresentadas as conclusões sobre o tema, conforme as premissas do método de pesquisa apresentado.

PARTE II
O TRANSPORTE FERROVIÁRIO

*Trem de carga da Ferrosur em Muñoz, no sul do México.
(Fotografia tirada por Nate Muhlethaler em junho de 2010.)*

4
AS FERROVIAS NO MUNDO

O transporte ferroviário caracteriza-se pela alta capacidade de transporte e estrutura operacional que confere maior competitividade em relação aos demais modais no transporte em médias e longas distâncias (geralmente iguais ou superiores a 600 quilômetros) de, geralmente, mercadorias de baixo valor agregado (como minérios, grãos, combustíveis e derivados de petróleo, e produtos siderúrgicos) em contêineres e pallets. Entre suas vantagens, podem-se destacar a alta segurança, os baixos custos operacionais e a baixa emissão de carbono,[7] principalmente em relação ao modal rodoviário, seu principal substituto. Já as desvantagens consistem na baixa flexibilidade da infraestrutura necessária à operação ferroviária e nas questões regulatórias decorrentes das diversas intervenções estatais no setor, baseadas na crença de que seria um monopólio natural.

A forte disparidade de custos entre os modais rodoviário e ferroviário se acentua em países de dimensões continentais como o Brasil e implica um aumento crucial de competitividade para diversas indústrias, visto que o custo de combustível pode chegar a até 30% do custo total de uma mercadoria, dependendo da distância percorrida. Existe entre especialistas do setor ferroviário uma ampla

---

[7]. De acordo com a CNT (2013), a capacidade média de peso transportado por quilômetro pelo modal ferroviário é de 238 mil TKU (toneladas por quilômetro útil), em comparação aos 14,8 mil TKU do modal rodoviário.

discussão sobre como incrementar a competitividade das ferrovias no transporte de mercadorias fora do modelo heavyhaul e em curtas e médias distâncias, visto que, no Brasil, a circulação ocorre predominantemente pelas rodovias, e a malha ferroviária encontra-se com diversas limitações referentes a gargalos e linhas abandonadas ou subutilizadas. Consequentemente, uma política de diversificação do modal ferroviário para além do transporte de commodities em corredores de exportação, como a do fomento às shortlines, impacta diretamente o mercado com o descongestionamento da malha rodoviária brasileira, a redução de emissão de poluentes, a redução de custos e o aumento de eficiência no transporte de mercadorias para diversas indústrias.

Portanto, na elaboração de uma política pública para as ferrovias, é necessária a abordagem dos diversos aspectos econômicos e regulatórios do setor, dos quais muitos têm sido utilizados como justificativa para intervencionismo estatal, o que, consequentemente, causa ineficiências no mercado. Das questões econômicas, destacam-se a dos monopólios naturais e o risco institucional da captura regulatória em um regime de regulação de empresas monopolistas ou oligopolistas. Como questões regulatórias, serão analisadas nesta obra as características institucionais do mercado de transportes no Brasil, e discutidas diversas medidas para a viabilização, a implantação e os potenciais benefícios do desenvolvimento de shortlines no Brasil.

Muitos estudos contemporâneos têm evidenciado a necessidade de aumento da competição no setor ferroviário — a despeito do mesmo ser considerado um monopólio natural — devido à ineficiência gerada pelas companhias ferroviárias estatais e pelas empresas privadas reguladas por agências governamentais. Entretanto, pouco se estuda sobre a origem e as consequências das regulações econômicas oriundas do movimento político antitruste, que servem de base para a maior parte da regulação governamental sobre diversos setores da economia — principalmente o ferroviário, em torno do qual surgiram tais regulações — considerados monopolistas. Neste capítulo, é estudada a teoria econômica que fornece as bases para as regulações convencionais, e demonstrada a hipótese de pesquisa em que as regulações antitruste e suas derivações têm mais limitado a competição do que melhorado o desempenho dos mercados através da correção de supostas "falhas".

5
MONOPÓLIOS E CONCORRÊNCIA NO SETOR FERROVIÁRIO

A classificação das ferrovias na categoria dos denominados "monopólios naturais" é bastante comum na literatura econômica e na bibliografia relacionada a transportes. De acordo com a teoria econômica convencional,[8] o mercado ferroviário é caracterizado pela impossibilidade de haver concorrência; portanto, se houvesse mais de uma empresa no setor, estas seriam menos eficientes do que uma única companhia operando em regime de monopólio. Para conter o poder de mercado[9] das firmas monopolistas, é recomendada a intervenção estatal, seja de forma direta, com a criação de uma empresa pública, seja pela via indireta, com uma agência reguladora encarregada de controlar a companhia monopolista.

---

8. Para os temas relacionados a Economia, a teoria neoclássica corresponde ao *mainstream*.

9. Em Economia, o poder de mercado é definido como a capacidade de uma empresa de fixar preços, dependendo da sensibilidade dos consumidores a tais variações. Entretanto, como aponta Armentano (1978), o entendimento de que o poder de mercado é uma ameaça competitiva é equivocado por não levar em consideração as preferências dos consumidores. Afinal, diferenciações de produtos — especialmente acompanhadas de aumentos de preços — são uma vantagem para uma empresa apenas se os consumidores valorizam a diferenciação.

Entretanto, os descontentamentos com os modelos regulatórios têm crescido nos últimos anos devido à ineficiência das companhias ferroviárias estatais e à crescente incapacidade das agências reguladoras em aumentar a eficiência das empresas monopolistas reguladas. Conforme apontado por Gómez-Ibáñez (2006), as falências em massa de companhias ferroviárias na América do Norte e o descontrole dos gastos públicos com as ferrovias estatais na Europa, na América Latina e na Ásia motivaram uma série de reformas no mercado ferroviário, visando ampliar a concorrência no setor e reduzir a necessidade de intervenções estatais. Desde a década de 1980, consolidaram-se no mercado dois modelos de gestão, cuja principal divergência se encontra no método de promoção da competição intramodal: pela manutenção da integração vertical ou pela desverticalização do mercado ferroviário.

O modelo de gestão baseado na integração vertical se fundamenta na desregulamentação do transporte ferroviário por meio de medidas simples, como a flexibilização da fixação de tarifas e a construção e a desativação de linhas férreas. Essa prática se iniciou em 1980 na América do Norte, onde o mercado ferroviário historicamente se desenvolveu por empresas privadas responsáveis tanto pelo gerenciamento da malha ferroviária quanto pelos serviços de transporte para o atendimento dos clientes. Devido à maior simplicidade decorrente da manutenção da estrutura organizacional espontânea do mercado ferroviário, essa forma de gestão se popularizou em diversos países latino-americanos nos quais se visava não apenas à revitalização das ferrovias, mas também à redução da necessidade de participação estatal no gerenciamento delas.

Já a desverticalização no mercado ferroviário consiste na separação das atividades de construção e manutenção da infraestrutura ferroviária daquelas relacionadas à prestação dos serviços de transporte. Esse modelo de gestão se originou em 1988 na Suécia e tinha como objetivo principal o aumento da competição no mercado ferroviário por meio da desoneração das empresas ferroviárias dos altos custos fixos relacionados à infraestrutura. Na década de 1990, a separação vertical se tornou o modelo de negócios principal das ferrovias europeias, devido à maior facilidade em introduzir a competição em malhas estruturadas como monopólios estatais, nas quais a duplicação de infraestrutura seria uma solução pouco viável no curto prazo.

Por não ser um arranjo espontâneo do mercado ferroviário, a separação vertical é geralmente mais custosa de se manter, em relação a uma ferrovia integralmente operada por uma única empresa. Por isso, esse regime tem sido aplicado apenas em países onde o governo possui um papel incisivo no setor ferroviário, como os países da União Europeia, nos quais as ferrovias são utilizadas majoritariamente para o transporte de passageiros; e na Austrália, onde o desenvolvimento ferroviário foi retomado após décadas de esquecimento em prol do modal rodoviário. Com efeito, todos os países que adotam esse modelo organizacional optaram por manter a propriedade estatal da infraestrutura ferroviária — com exceção do Reino Unido, que tentou, sem sucesso, uma privatização da gestão da malha ferroviária, e da Austrália, que recentemente vem realizando alguns arrendamentos de ramais ferroviários.

De qualquer forma, o sucesso das reformas regulatórias é incontestável. A despeito disso, ainda predomina entre os economistas uma forte crença na necessidade de regulações governamentais no mercado ferroviário por ser considerado um monopólio natural. Como apontado por Pinheiro e Ribeiro (2018), a principal premissa do regime de separação vertical é a de que apenas as atividades de transporte poderiam ser um mercado competitivo, enquanto a gestão da infraestrutura permanece um monopólio natural; e, segundo Durço (2011), a presença de um agente regulador é essencial para conter o denominado "custo social do monopólio" produzido pelas ferrovias em um mercado baseado na integração vertical das atividades. Conforme muito bem observado por Demsetz (1968),

> [...] embora a regulamentação de serviços públicos venha sendo criticada recentemente por sua ineficácia ou efeitos indesejados, os argumentos intelectuais básicos para acreditar que a regulação é verdadeiramente eficaz não foram

contestados. Mesmo aqueles que estão inclinados a rejeitar a regulamentação governamental ou a propriedade estatal de serviços públicos porque acreditam que essas alternativas são mais indesejáveis que os monopólios privados, implicitamente aceitam os argumentos intelectuais subjacentes à regulamentação.

E essa persistência no tratamento do transporte ferroviário como uma atividade monopolista tem servido de base para diversos equívocos regulatórios que terminam por perpetuar o problema que se busca resolver: a falta de competição no mercado. A discussão apresentada a seguir visa esclarecer se o modelo regulatório das ferrovias criado entre o final do século XIX e o início do XX foi criado em prol do interesse público visando conter práticas monopolistas, ou como uma medida política com o intuito de promover práticas protecionistas. Para isso, será investigada de forma lógica e dedutiva a validade histórica e metodológica das políticas regulatórias atualmente vigentes, e discutidas as implicações de seu uso no desenvolvimento do mercado ferroviário.

6
FERROVIAS E REGULAÇÃO

As palavras "competição" e "monopólio" são frequentemente jogadas de forma aleatória quando se fala em regulação de ferrovias. Tal afirmação contrasta diretamente com as observações históricas do desenvolvimento do setor ferroviário no século XIX e no início do século XX, bem como com a atual onda de desregulamentação dessa indústria, cujo movimento se iniciou na década de 1980. Como afirma Dilorenzo (1985) em seu estudo histórico do movimento antitruste, tornou-se bastante comum com o tempo a ideia de que a competição no mercado ferroviário seria inferior ao desejável na ausência de regulação.

Conforme observado por Kolko (1965), não se buscou regular as ferrovias porque eram muito monopolistas, mas porque eram muito competitivas. Essa afirmação é confirmada por Dilorenzo (1985), ao observar que o movimento antitruste criado no final do século XIX — cujo objetivo principal era a regulação das tarifas ferroviárias e a coibição dos trustes — não possuía nenhuma justificativa econômica para suas pautas, e tampouco o apoio dos economistas da época. As regulamentações governamentais sobre as companhias ferroviárias (que depois se estenderam para outras indústrias acusadas de práticas monopolistas) surgiram por iniciativa de um grupo de interesse e da classe política, e tais práticas somente seriam aceitas pelos economistas décadas depois de terem sido implantadas nos mercados tidos como "imperfeitos".

Na segunda metade do século XIX, quando o mercado ferroviário atuava praticamente sem regulações, era difícil encontrar evidências de práticas monopolistas por parte das companhias ferroviárias, em virtude das constantes quedas nas tarifas e da expansão ferroviária, liderada tanto por grandes companhias já consolidadas no mercado quanto por empresas recém-criadas que estavam iniciando suas atividades. Poucos economistas consideravam que economias de escala constituíam barreiras intransponíveis à entrada de novas empresas ou obstáculos à competição, já que era exatamente o oposto que ocorria. Esse dinamismo do setor ferroviário é evidenciado por Kolko (1965, p. 88):

> [...] entre 1900 e 1907, o ano de pico, o número de companhias ferroviárias operantes aumentou de 1.224 para 1.564, apesar de haver 874 ramais independentes em 1900 e esse número declinar para 829 na década seguinte. Quando todas as linhas são contabilizadas, é a difusão, e não a concentração do sistema ferroviário norte-americano o fator de maior significância do comportamento político das principais companhias ferroviárias.

As mesmas características podem ser observadas em outros mercados atualmente tidos como monopólios naturais, como indústrias de telecomunicações, energia e saneamento, segundo descrição de Behling (1938):

> [...] dificilmente há cidades no país que não tenham presenciado a competição em uma ou mais indústrias de serviços públicos. Seis companhias elétricas estavam organizadas no ano de 1887 em Nova York. Quarenta e cinco empresas de luz possuíam licença para atuar em Chicago em 1907. Antes de 1895, Duluth, Minnesota, era servida por cinco empresas de iluminação, e Scranton, Pennsylvania, tinha quatro em 1906... No final do século XIX a competição era comum na indústria de gás em todo o país. Antes de 1884, seis compa-

nhias concorrentes operavam em Nova York... A competição era comum e persistente na indústria de telefonia. De acordo com um relatório especial de 1902, de 1.051 cidades nos Estados Unidos com uma população superior a 4 mil habitantes, 1.002 contavam com instalações telefônicas. As companhias independentes tinham monopólio em 137 cidades, o grupo Bell tinha controle exclusivo na comunicação telefônica em 414 cidades, enquanto as 451 restantes tinham serviços duplicados. Baltimore, Chicago, Cleveland, Columbus, Detroit, Kansas, Minneapolis, Filadélfia, Pittsburgh, e St. Louis, entre as maiores cidades, tinham ao menos duas companhias telefônicas em 1905.

Essas evidências fornecem pouco suporte ao argumento de que o mercado ferroviário, assim como os demais setores de serviços públicos, seja caracterizado por tendências monopolistas e que precise de regulações governamentais para a obtenção de um desempenho mais satisfatório. A ideia de que os resultados obtidos em mercados não obstruídos não sejam ótimos é puramente arbitrária, devido ao fato de não haver critérios objetivos para determinar o que seria um resultado "justo" de um processo concorrencial. Como descrito por Rothbard (1962, p. 887):

> [...] tal visão deturpa completamente o sentido no qual a ciência econômica assevera que a ação no livre mercado é sempre ótima. Ela é ótima, não do ponto de vista das visões éticas e pessoais de um economista, mas do ponto de vista das ações livres e voluntárias de todos os participantes e na satisfação das necessidades livremente expressas dos consumidores. A intervenção governamental, portanto, sempre e necessariamente se afastará desse ótimo.

Essa argumentação é continuada por Dilorenzo (1985) ao constatar que a noção de que o mercado ferroviário estava se tornando monopolista também é pouco precisa, em razão das notórias quedas nas tarifas no período anterior às regulações. A ideia de que os fretes ferroviários eram "injustos" partiu de um grupo de pessoas (majoritariamente agricultores) que considerava desleal a discriminação de preços praticada pelas companhias ferroviárias, que concediam descontos para os clientes que embarcassem maiores volumes de mercadorias. Com a regulação das tarifas, os agricultores buscavam limitar os descontos nos fretes que seus concorrentes recebiam, visando receber fretes mais benéficos do que um mercado ferroviário competitivo poderia lhes oferecer.

A Interstate Commerce Commission, primeira agência reguladora da história, foi criada em 1887 por meio do Interstate Commerce Act, durante o primeiro governo do presidente Grover Cleveland (1885-1889). A primeira medida da comissão reguladora, como esperado, foi a proibição da discriminação de preços por parte das companhias — medida reforçada pelo Hepburn Act em 1906 (no segundo governo de Cleveland, que foi de 1903 a 1907), quando a ICC também passou a regular o modal rodoviário e o setor de telecomunicações. Inicialmente, a regulação do setor ferroviário agradou as companhias, visto que as medidas de fixação de preços também beneficiavam as ferrovias de baixa qualidade construídas por meio de subsídios governamentais em detrimento das mais eficientes, que passaram a não poder mais oferecer tarifas mais competitivas para os clientes.

Na prática, a criação de uma agência reguladora contribuiu para a intensificação das práticas monopolistas das quais as companhias ferroviárias no mercado desregulado eram acusadas. Nos anos seguintes, seria a própria ICC que promoveria a cartelização do mercado ferroviário, por meio da limitação das concorrências intramodal (promovendo fusões e aquisições entre companhias ferroviárias e criando reservas de mercado regionais) e intermodal (restringindo a atuação das transportadoras ferroviárias, principalmente no transporte interestadual de mercadorias). Não demorou para que a agência também se transformasse em uma monstruosidade burocrática que interferia em praticamente todos os aspectos do funcionamento das ferrovias e comprometia seriamente a eficiência e a competitividade do setor ferroviário.

Esse modelo regulatório vigorou até a década de 1970, quando tiveram início as primeiras desregulamentações com o objetivo de reduzir os encargos burocráticos das empresas e as barreiras à entrada no mercado. Desde então, propagaram-se pelo mundo diversos programas de reformas regulatórias visando ao aumento da competição no mercado ferroviário, dos quais os de maior destaque são o Staggers Act, nos Estados Unidos (1980), e a First Railway Directive, na União Europeia (1991). É evidente que o regime regulatório baseado no controle estatal de monopólios não possui uma história de sucesso, e que é essencial uma revisão da teoria do monopólio natural para a extinção de práticas monopolistas nesse mercado.

7
A TEORIA DO MONOPÓLIO NATURAL

A análise da competição e do monopólio na teoria econômica neoclássica (a economia mainstream contemporânea) se dá na classificação de mercados em diferentes modelos, cada qual com suas premissas e resultados. Segundo Bastos (2016), a caracterização se baseia em quatro parâmetros: tipo de produto (homogêneos, diferenciados ou únicos), condições de entrada e saída do mercado (barreiras legais, tecnológicas etc.), número de produtores e consumidores, e informação (perfeita ou imperfeita). Destes, os mais importantes para a análise do mercado ferroviário são os três primeiros, que dizem respeito à dinâmica do setor, principalmente quanto à formação de preços e à oferta de serviços de transporte.

No modelo de competição perfeita, utilizado como principal referência pela teoria mainstream, o mercado é um arranjo atomizado, em que todos os produtores ofertam um bem homogêneo, de forma que nenhum consiga influenciar os preços praticados no mercado. Em contraste com esse arranjo, há os modelos de competição imperfeita, nos quais as diferenciações de produtos permitem aos produtores ter controle sobre os preços, e o monopólio natural, cujas fortes economias de escala implicam barreiras à entrada e inviabilizam a competição perfeita. São classificados como monopólios naturais os mercados de fortes economias de escala, como descreve Samuelson (1964):

Sob constantes custos decrescentes para as firmas, uma ou algumas empresas expandirão suas produções de forma que tomarão uma parcela significativa do total do mercado. Nós então terminaríamos com (I) uma única firma monopolista dominando toda a indústria; (II) um pequeno grupo de grandes firmas dominando o mercado... ou (III) alguma forma de competição imperfeita que, ou é estável ou se encontra em uma intermitente guerra de preços, em uma notória ruptura do modelo econômico de competição "perfeita" no qual nenhuma firma tem controle sobre os preços ou o mercado.

Essa teoria é incrivelmente imprecisa para explicar diversas situações do mercado, graças ao irrealismo de suas premissas. O primeiro ponto a ser verificado é a análise baseada no modelo de competição perfeita: segundo Armentano (1978), o modelo é uma abstração irreal,[10] sendo praticamente todos os mercados organizados em competição imperfeita.[11] Essa análise produz o fenômeno definido por Demsetz (1969) como Falácia de Nirvana: a comparação do mundo real com um modelo irreal, segundo o qual todo o mundo real é imperfeito.

Além disso, como argumenta MacHovec (1995), o surgimento da ideia de competição perfeita tem causado danos imensuráveis nas ciências econômicas, por causa das alterações (para pior) na interpretação de diversos fenômenos de mercado e, consequentemente, no tratamento dos mesmos por parte dos economistas. Para os estudiosos das Escolas Clássica e Austríaca, a competição era vista como um processo dinâmico essencial para o funcionamento dos mercados, em que os empreendedores constantemente buscam novas formas de atender aos consumidores. Considerando a competição um processo de descoberta intrínseco a qualquer atividade empresarial, o fato

---

10. De acordo com Bastos (2016), a competição perfeita não existe no mundo real porque, mesmo nos mercados de commodities, as preferências dos consumidores fazem com que não ocorra a situação de elasticidade perfeita, necessária para a formação da condição existente no modelo.
11. Para mais detalhes, ver: KNIGHT, Frank. *Risk, Uncertainty and Profit*. Boston: Houghton Mifflin Co., 1921, n. 119.

de alguns produtores conquistarem maior participação no mercado durante determinados períodos de tempo é irrelevante, visto que a atuação das forças concorrenciais em um ambiente de livre mercado impede o estabelecimento de monopólios permanentes.

Entretanto, com a adoção de modelos matemáticos de mercados em equilíbrio, a atividade competitiva — que na concepção clássica e austríaca faz com que o mercado tenda ao equilíbrio — foi paulatinamente ignorada. Dessa forma, práticas como discriminação de preços, experimentação de produtos e construção de infraestrutura para a obtenção de ganhos de escala deixaram de ser consideradas como bons sinais da atividade concorrencial e passaram a ser vistas como vícios monopolistas, porque nenhuma dessas atividades é possível sob condições de concorrência perfeita. O posicionamento dos economistas em relação ao governo também mudou: se antes as intervenções governamentais eram tidas como prejudiciais à livre concorrência, o racional neoclássico das "falhas de mercado" passou a justificar o intervencionismo para sua correção.

O primeiro ponto a ser analisado na teoria do monopólio natural é a relação nem um pouco causal entre economias de escala e preços de monopólio: economias de escala implicam que, quanto maior a produção, menor o preço ofertado no mercado, mas não há nenhuma explicação clara de quando a maior empresa passaria a aumentar os preços mesmo se prevalecer como líder de mercado.

Essa argumentação também não se mostra verdadeira em um modelo de concessões licitadas pelo governo, visto que a presença de economias de escala também não implica de forma alguma em poucos participantes no processo licitatório. Como em um leilão licitatório apenas o integrante que oferecer o preço mais baixo obterá o acesso a todo o mercado, enquanto os demais não poderão atuar, o preço ofertado tenderá a ser o mais próximo possível do custo unitário de produção. Logo, em um ambiente competitivo no qual não haja conluios entre participantes, não há motivos para se esperar preços de monopólio, mesmo sendo as concessões uma espécie de monopólio temporário fornecido pelo governo às empresas vencedoras das licitações.

Em um ambiente sem obstruções, o mercado ferroviário pode ser caracterizado pela presença de diversas empresas oferecendo serviços distintos — situação que, para o economista austríaco Mises (1990), pode ser definida como "monopólio de produtor único" e, no modelo neoclássico de Mankiw (2005), como "competição monopolista". Para o primeiro, essa situação não representa risco algum de que existam preços de monopólio devido à ausência de sentido do eventual poder de monopólio por parte das empresas — todo ofertante pode ser considerado monopolista[12] de seu produto. Para o segundo, ainda que exista uma espécie de "monopólio natural em mercado limitado", a liberdade de entrada de novos concorrentes em um mercado não obstruído impede a cobrança de preços de monopólio. A existência de eventuais "monopólios" sem a existência de privilégios monopolistas sequer é considerada como tal por Rothbard (1993, p. 619):

> Quantas empresas serão lucrativas em qualquer linha de produção é uma questão institucional e depende de dados concretos como o grau de demanda do consumidor, o tipo de produto vendido, a produtividade física dos processos, a oferta e a precificação dos fatores, o prognóstico dos empreendedores, etc. Limitações espaciais tendem a ser de pouca importância; como no caso das mercearias, os limites espaciais podem permitir apenas o menor dos "monopólios" — o monopólio sobre a porção de calçada pertencente ao vendedor. Por outro lado, as condições podem ser tais que apenas uma empresa seja viável naquela indústria. Mas nós vimos que isso é irrelevante; "monopólio" é uma denominação sem sentido, a menos que preços de monopólio sejam

---

12. Para Hayek (1946), a ideia neoclássica de competição perfeita é absurda porque, mesmo que fosse possível, não seria desejável na maioria dos mercados, especialmente no de serviços — não seria de muita serventia na maioria das situações a existência de duas ferrovias idênticas. A diferenciação, nesse caso, se faz essencial exatamente para atender às necessidades distintas de consumidores distintos. Nas palavras do autor, "a função da competição é precisamente nos ensinar quem irá nos bem servir".

atingidos, e novamente, não há como determinar quando o preço cobrado pelo bem é um "preço de monopólio" ou não.

Da mesma forma que as delimitações espaciais são de pouca importância para a caracterização de qualquer estrada de ferro como monopolista, a duplicação de infraestrutura também é um fator que pouco ou nada afeta o desempenho das empresas ou o funcionamento do mercado como um todo. Um dos argumentos mais comuns em favor da monopolização das ferrovias é o de que monopólios seriam preferíveis à livre concorrência, porque a duplicação da infraestrutura seria inconveniente aos consumidores: seria muito custoso para a sociedade ter mais de uma companhia ferroviária, assim como uma empresa de fornecimento de energia elétrica, de água ou de gás construindo trilhos, redes e encanamentos pela cidade. A única forma de se obter quantidades realmente adequadas de infraestrutura é por meio de um ambiente de livre mercado, em que haja liberdade para a sua construção, como esclarecido por Demsetz (1988):

> O problema da duplicação excessiva de sistemas de distribuição se deve à incapacidade de algumas comunidades de estipular preços adequados para o uso desses recursos escassos. O direito de utilizar ruas, passagens e vias públicas é o direito de utilizar recursos escassos. A ausência de um preço para a utilização destes recursos escassos — um preço que deve ser alto o bastante para refletir os custos de oportunidade de usos alternativos, como os serviços de um tráfego contínuo e paisagens não danificadas — irá levar à sua utilização excessiva. A estipulação de uma tarifa apropriada para o uso destes recursos escassos iria reduzir o grau de duplicação para níveis ótimos.

No caso das ferrovias, a melhor forma de alcançar preços que reflitam os verdadeiros custos de oportunidade de operações compartilhadas e duplicação de vias férreas é por meio de um ambiente de livre mercado. O termo "duplicação excessiva" é desprovido de qualquer significado em um ambiente de mercado em que haja liberdade para os produtores e consumidores alocarem os recursos da forma mais adequada, pois em um mercado não obstruído a ocorrência de duplicações de infraestrutura não seria possível por outro motivo senão a demanda por parte dos consumidores para utilizar os recursos em questão. Logo, quaisquer determinações políticas que contemplem a monopolização de infraestrutura sob o argumento de ser mais "conveniente" ou "racional" apenas produzirá uma má alocação dos recursos em que talvez a duplicação fosse a solução mais adequada.

A adoção do modelo de mercado perfeitamente competitivo também alterou o entendimento de formação de preços e, como consequência, o tratamento dado às regulações governamentais. Ao passo que nas concepções austríaca e clássica os preços são influenciados por variáveis endógenas (desenvolvimento tecnológico e diferenciação) e exógenas (oferta e demanda), os modelos neoclássicos desconsideram o papel do empreendedor na precificação dos bens e tomam os preços como variáveis dadas no mercado que dependem unicamente da oferta e da demanda. Essa interpretação, segundo Hayek (1967), ignora o fato de que a formação de preços e custos é um trabalho diário dos empreendedores e abre espaço para a principal política pública, promovida com base nessa teoria: a regulação governamental como instrumento de obtenção de preços justos.

A segunda questão a ser discutida diz respeito à necessidade e à viabilidade de órgãos governamentais para a contenção do eventual poder de mercado de tais firmas. A teoria, como demonstrado, não explica o problema do monopólio no mercado sobre o qual se discute a necessidade de regulação — o modelo do monopólio natural só é válido caso o governo conceda um privilégio garantindo a exclusividade de determinada empresa para atuar no mercado em questão. Segundo a teoria, a criação de uma agência reguladora se faz necessária para conter os custos sociais dos preços de monopólio que seriam praticados pelas empresas em um mercado desregulado.

O problema do monopólio, na teoria mainstream, é então analisado sob uma ótica puramente técnica, visando uma alocação eficiente de recursos no mercado. Como demonstra a figura a seguir, a firma praticaria preços monopolistas e ofertaria os bens em uma quantidade inferior à de um mercado perfeitamente competitivo. O regulador então fixaria o preço dos bens de forma que o monopolista passasse a se comportar como se fosse uma firma competitiva, produzindo até que o custo marginal[13] se iguale ao preço.

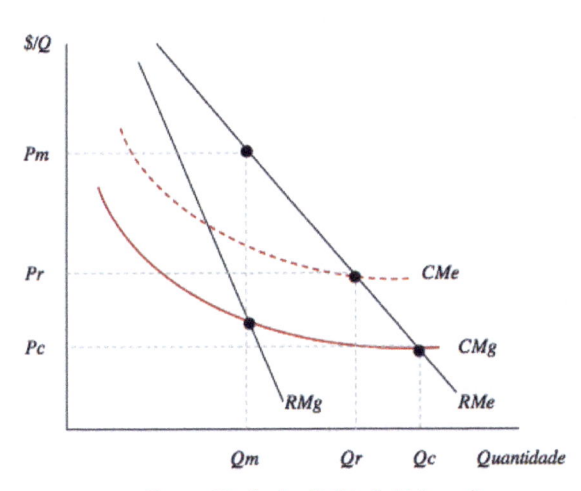

Figura 1 — Regulamentação do preço em um monopólio natural

Fonte: Pindyck e Rubinfield (2002).

Ponto 1: Na ausência de regulação, a empresa produz a quantidade de monopólio Qm e a oferta no mercado ao preço de monopólio Pm.
Ponto 2: Fixando-se o preço em Pr, a firma produz Qr, a maior quantidade possível, sendo o preço Pr igual ao seu custo médio CMe.
Ponto 3: Em um ambiente desregulado, quando a receita marginal RMg é igual ao custo marginal CMg, a empresa para de produzir e oferta o produto ao preço Pm (Ponto 1).
Ponto 4: Caso o preço seja fixado em Pc, a firma produz a quantidade Qc, mas incorre em prejuízos, podendo exigir subsídios ou deixar a indústria.

---

13. Custo de se produzir uma unidade adicional do produto a partir de uma dada produção.

A ideia de que uma agência reguladora possa controlar o mercado em questão é baseada em três premissas: (I) tanto o regulador como o regulado devem ser bem intencionados; (II) ambos os agentes devem possuir conhecimento perfeito sobre as condições do mercado; e (III) os preços e custos são dados de forma automática, independentemente do processo de mercado. O uso dessas suposições, como argumenta Bastos (2016), evidencia o que pode ser definido como um duplipensar metodológico da teoria convencional — uma contradição percebida apenas pelos austríacos e teóricos da Escolha Pública. Para que seja possível a correção de tais falhas de mercado, seu ambiente é desenhado como formado por indivíduos falíveis e autointeressados, enquanto o governo é visto como uma entidade concreta, incorruptível e onisciente, em que as falhas humanas são inexistentes.

A primeira possui como principais críticos George Stigler (1971) e os teóricos da Escolha Pública, que argumentam que esse arranjo regulatório possui uma alta propensão ao conluio entre reguladores e regulados — fenômeno denominado captura regulatória. A captura é altamente provável de ocorrer no longo prazo, pelo fato de as empresas reguladas (menos numerosas, mais organizadas e mais interessadas na regulação) terem maior poder de barganha e maior interesse que os consumidores, que tendem a ser mais numerosos e dispersos. Esse cenário é agravado pelos frequentes conflitos de interesse no processo regulatório: não é incomum que muitos membros das agências reguladoras sejam egressos das empresas reguladas, dada a dificuldade de se encontrar especialistas na indústria que não sejam das próprias empresas.

Já as outras duas premissas de conhecimento perfeito contradizem a própria lógica da economia de mercado. Sua suposição na teoria neoclássica, argumenta Hayek (1948), pressupõe que toda informação possível já tenha sido descoberta pelos agentes e, consequentemente, todas as oportunidades de negócios já tenham sido exploradas. Dessa forma, o papel da competição como procedimento para a descoberta de inovações deixa de existir na teoria — o mercado torna-se, então, um ambiente em que não há mais competição, e a única decisão a ser tomada é como alocar os recursos já conhecidos de forma mais eficiente.

Como também argumentado por Hayek (1967), não é possível que os produtores possam conhecer o custo que prevaleceria em um mercado competitivo se o processo foi bloqueado pela regulação. Se fosse possível que agentes reguladores conhecessem a demanda e os custos das indústrias de forma independente da atividade empresarial, poderiam ser eliminados da teoria a propriedade privada e o sistema de preços do modelo — afinal, tais elementos só têm razão de existir porque os agentes desconhecem os custos e demais grandezas envolvidas. A tentativa de fixação de preços sem ser pelo mecanismo de mercado é definida por Mises (1990) como a "quimera dos preços sem mercado", cuja validade é refutada de forma dedutiva.

> Preços são um fenômeno de mercado. São gerados pelo processo de mercado e são a parte essencial da economia de mercado. Não existem preços fora da economia de mercado. Os preços não podem ser fabricados como se fossem um produto sintético. Resultam de certa constelação de circunstâncias, de ações e reações dos membros de uma sociedade de mercado. [...] Por trás dos esforços que procuram determinar preços sem mercado está a confusa e contraditória noção de custos reais. Se os custos fossem uma coisa real, isto é, uma quantidade independente de julgamentos pessoais de valor, seria possível a um árbitro imparcial determinar o seu valor e, consequentemente, o preço correto. Não há necessidade de nos estendermos sobre o absurdo contido nessa ideia. Custo é um fenômeno de valoração. [...] Não pode ser definido sem que se faça referência à valoração. É um fenômeno de valoração e não tem nenhuma relação direta com fenômenos físicos ou de qualquer natureza do mundo exterior. [...] O mesmo se aplica a preços monopolísticos. É de todo conveniente que não se adotem políticas que possam resultar no surgimento de preços monopolísticos. Mas, quer os preços monopolísticos sejam determinados por políticas governamentais pró-monopólio, quer se devam à ausência de tais políticas, nenhuma

"investigação" ou especulação acadêmica tem condições de descobrir qual seria o preço ao qual a demanda igualaria a oferta. O fracasso de todas as tentativas para encontrar uma solução para o monopólio de espaço limitado, no caso dos serviços públicos, prova claramente essa verdade.

Os argumentos econômicos convencionais têm se mostrado pouco capazes de oferecer respostas práticas e viáveis ao problema da captura regulatória, pois, quanto maior o poder das agências sobre o mercado, maior o incentivo para que os regulados as capturem. A teoria também é incapaz de explicar por que diversos governos ao redor do mundo vêm promovendo desregulamentações no setor ferroviário, ou por que a competição aumentou depois das reformas. Como observado por Durço (2011):

> Atualmente, parece haver um consenso mundial entre os especialistas e as agências reguladoras sobre a necessidade de incrementar a concorrência no setor de transporte ferroviário, e, concomitantemente, diminuir a intervenção pública. Por outro lado, há um amplo debate sobre como isso será alcançado. O ponto central desse debate refere-se à maneira de promover a competição: praticando a separação vertical (*vertical unbundling*) ou mantendo a integração vertical.

Essa afirmação não é de forma alguma logicamente dedutível a partir da teoria do monopólio natural. Afinal, o modelo não explica por que a competição é benéfica ou mesmo necessária nesse tipo de mercado. A onda de desregulamentações só pode ser explicada com o relaxamento das premissas da teoria: é necessário, então, assumir que as barreiras à entrada não são completamente intransponíveis, e a regulação governamental não é completamente eficiente no cálculo econômico quanto às forças concorrenciais.

Como questionado por Demsetz (1968), existiria, então, um *tradeoff* entre regulação e competição no mercado ferroviário? Em que medida a regulamentação deve substituir o mercado de serviços públicos ou em outras indústrias, e quais as formas que tal legislação deveria ter? Esse tema tem sido frequentemente usado como argumento para a abertura de mercado no setor ferroviário, embora de uma forma equivocada: além de todo o movimento regulatório ter sido criado por razões mais políticas do que econômicas, o modelo teórico que justifica as regulações governamentais não torna possível a dedução lógica de qualquer problema de monopólios ou melhoria de eficiência com as regulamentações.

8
CONCLUSÕES

Ao fim desta análise histórica e metodológica dos monopólios no mercado ferroviário, é possível chegar a duas conclusões. A primeira é a de que a teoria do monopólio natural foi desenvolvida por economistas para então ser aplicada por legisladores, mas formulada como uma forma *ex post* às regulamentações impostas sobre o setor. A segunda é a de que a consolidação desse modelo teórico se deu em um contexto de empobrecimento da maneira como os economistas analisam os fenômenos de mercado — uma consequência inevitável do avanço da matematização da ação humana em modelos de equilíbrio.

Na época do movimento antitruste, os preços das tarifas ferroviárias — assim como os dos demais bens de consumo cujos mercados eram supostamente monopolizados pelos trustes — estavam em constantes quedas, e não em aumentos. As fortes quedas nos preços eram reconhecidas inclusive pelos próprios críticos das companhias ferroviárias e dos trustes, que apontavam as reduções de preços como uma das causas principais da retirada de diversas empresas (menos eficientes) dos negócios. Da mesma forma, os economistas da época também compreendiam a ampla competição no mercado ferroviário e as quedas nas tarifas como características de um mercado competitivo, e que as pautas do movimento antitruste eram claramente protecionistas.

A teoria econômica que abriu espaço para o surgimento do conceito de monopólio natural só foi desenvolvida após a criação da ICC e a promulgação do Sherman Act.[14] E a teoria (do monopólio natural) passou a ser amplamente aceita entre os economistas apenas a partir da segunda metade do século XX, quando todo o aparato regulatório do setor ferroviário já estava consolidado ao redor do mundo, tanto pela imposição de pesadas regulações às ferrovias privadas como pela criação de estatais. Embora a maioria dos especialistas em regulação de ferrovias da atualidade considere que a criação do aparato regulatório moderno foi embasada em motivos econômicos, essa argumentação nunca foi utilizada como base para a origem das agências reguladoras — pelo contrário, foi desenvolvida como uma defesa *ex post* de um aparato regulatório já existente.

Grupos de interesse reivindicando proteções governamentais da concorrência sempre existiram ao longo da história, assim como políticos ansiosos por promover justiça social por meio do controle de preços. Da mesma forma, o equívoco de se julgar como justo ou injusto o resultado de um processo em vez do processo em si sempre foi igualmente atraente para a promoção de políticas públicas populistas. A narrativa do movimento antitruste e a posterior teoria do monopólio natural forneceram um novo apoio para práticas protecionistas e usaram as regulamentações como ferramenta de justiça social.

O caráter *ex post* da teoria do monopólio natural também pode ser notado na sua argumentação. Nenhuma das características do transporte ferroviário — como economias de escala, custos fixos ou delimitações espaciais — permite o estabelecimento de relações causais com preços de monopólio. O modelo só se torna verdadeiro caso ocorra uma intervenção estatal prévia no setor, o que invalidaria a hipótese inicial de que o monopólio surge de forma espontânea nesse mercado.

O estudo da metodologia que fundamenta a teoria do monopólio natural também evidencia o contraste das abordagens austríaca e neoclássica. Para os austríacos, o mercado é um processo dinâmico

---

14. Os primeiros modelos econômicos baseados em equilíbrios competitivos foram criados por Léon Walras (1834-1910) com a publicação de *Élements d'économie politique pure* (1874), mas a adoção dessa teoria em larga escala ocorreu apenas a partir da década de 1920.

que está em constantes transformações, e a competição é um processo de descoberta no qual os produtores desenvolvem novas formas de atender às necessidades dos consumidores. Nesse ambiente competitivo, a liberdade de mercado é a melhor forma de se fazer uso das informações presentes dispersas na sociedade, assim como a atividade concorrencial é a melhor forma de precificação de bens e serviços.

Já para os neoclássicos, não há nada a ser descoberto — o mercado é apenas um mecanismo de computação no qual os agentes reagem a variáveis. Essa ausência da atividade empresarial é notada por Coase (1992), ao afirmar que, "nos modelos neoclássicos, a figura do empreendedor aparece de nome, mas carece de essência". Ao desconsiderar o papel do empresário na formação dos preços, essa concepção abre espaço para a ideia de que preços e custos sejam variáveis, independentemente da atividade empresarial e da estrutura de mercado, e para a ideia de que as ditas "falhas de mercado" possam ser corrigidas por um agente regulador, que estabelece preços "corretos" para monopólios regulados.

A análise convencional peca por estudar o fenômeno do monopólio sob uma ótica puramente mecanicista, visando a obtenção de alocações eficientes de recursos e ignorando o entorno institucional no qual os agentes coordenam o uso de recursos escassos de acordo com as preferências dos consumidores. A excessiva preocupação com a obtenção de preços competitivos e comparações com o modelo de competição perfeita fez com que os crescentes bloqueios à atividade concorrencial fossem ignorados, causando enormes prejuízos ao mercado ferroviário no século XX. A retomada dos conceitos corretos de competição e monopólio é, portanto, essencial para o desenvolvimento de políticas públicas mais adequadas para o desenvolvimento do setor, buscando a eliminação das reais causas de monopólios: as intervenções governamentais que concedem privilégios na produção e oferta de bens e serviços.

9
DEFINIÇÃO DE SHORTLINES

A primeira classificação de companhias ferroviárias em categorias nos Estados Unidos foi realizada em 1911 pela ICC, utilizando a receita bruta como critério de distinção: as empresas com receita superior a US$ 1 milhão anuais (em valores de 1911, ajustados anualmente pela inflação) eram classificadas como ferrovias Classe I; as que faturassem entre US$ 100 mil e US 1 milhão, como Classe II; e as que tivessem receita inferior a US$ 100 mil, como Classe III. Após a dissolução da ICC em 1996, a classificação das ferrovias passou a ser feita pela Surface Transportation Board (STB), utilizando como base o mesmo critério (segundo valores de 2017, ajustados a partir do ano base de 1991 acima de US$ 447.621.226 para Classe I, e acima de US$ 35.809.698 para Classe II). Já na classificação da Association of American Railroads (AAR), as companhias ferroviárias são enquadradas em três categorias: Classe I, seguindo o mesmo critério da STB; Regional Railroad, para as companhias que operam pelo menos 350 milhas (aproximadamente 560 quilômetros) de linhas e faturam, no mínimo, US$ 20 milhões, ou que, independentemente da extensão das linhas, faturam pelo menos US$ 40 milhões; e Local Railroad, que contempla as ferrovias que não se enquadram nas duas categorias descritas anteriormente.

No Canadá, as ferrovias são classificadas pela Railway Association of Canada (RAC) em apenas duas categorias: Classe I (empresas com receita bruta superior a US$ 250 milhões, em valores de 1992) e

Classe II (as que tiverem receita bruta inferior à quantia citada anteriormente); a troca de classe acontece caso a companhia obtenha receitas superiores ou inferiores ao valor especificado por dois anos consecutivos. Na Classe III, enquadram-se apenas as empresas que operam pontes, túneis e estações.

Por fim, no México, a classificação é feita pela Asociación Mexicana de Ferrocarriles (AMF), segundo sua abrangência no território nacional.

É importante salientar que todas as companhias ferroviárias norte-americanas com atuação em mais de um país encontram-se enquadradas nas classificações de ambos os países, como é o caso das companhias canadenses Canadian Pacific e Canadian National, que atuam no Canadá e nos Estados Unidos, e são classificadas na categoria Classe I pelas associações ferroviárias de ambos os países.

Dessas categorias, são classificadas como shortlines as companhias enquadradas nas classes II e III — ou Regional e Local Railroads, segundo a American Shortline and Regional Railroad Association (ASLRRA), principal associação da indústria ferroviária norte-americana dedicada a essa categoria de ferrovia. As ferrovias que podem ser definidas como shortlines operam segundo três modelos de negócios: (I) realizar operações em sincronia com uma ferrovia Classe I; (II) atender à movimentação interna de mercadorias de uma ou mais indústrias; e (III) executar operações turísticas de entidades de preservação ferroviária. Em resumo, entende-se como shortline uma ferrovia de pequeno/médio porte que atua com uma abrangência local, em contraste com uma companhia ferroviária de grande porte destinada à integração de territórios nacionais ou internacionais.

No Brasil, a primeira classificação das companhias ferroviárias foi feita em 1940 pelo Ministério da Viação e Obras Públicas (MVOP) seguindo três categorias de acordo com a receita bruta anual: na primeira categoria, as que tivessem receita anual superior a Rs 20:000$000 (vinte mil contos de réis); na segunda categoria, as de receita anual entre Rs 5:000$000 (cinco mil contos de réis) e Rs 20:000$000 (vinte mil contos de réis); e na terceira categoria, as de receita anual inferior a Rs 5:000$000 (cinco mil contos de réis). Ainda, as empresas eram classificadas de acordo com a natureza da administração: havia as ferrovias administradas pela União (de propriedade federal, de propriedade estadual, e de propriedade particular de concessão federal ou estadual), as administradas pelos estados (arrendadas pela União, de propriedade estadual, e de propriedade particular de concessão federal ou estadual) e as administradas por particulares (arrendadas pela União, arrendadas pelos estados, e de propriedade particular de concessão federal ou estadual). Por fim, as ferrovias também eram classificadas de acordo com a área de abrangência: (I) região Norte; (II) região Nordeste; (III) região Leste; (IV) região Sul; e (V) região Centro-Oeste.

A classificação de ferrovias por categoria, porém, caiu em desuso com a unificação das estradas de ferro pertencentes à União, constituindo a Rede Ferroviária Federal S.A. (RFFSA) em 1957, e com a posterior erradicação de diversas linhas pertencentes às antigas ferrovias de terceira categoria e de diversos ramais daquelas que pertenciam à primeira e à segunda categorias. Em São Paulo ocorreu processo similar com a unificação das ferrovias pertencentes ao governo estadual, criando-se a empresa estatal Ferrovias Paulistas S.A. (Fepasa) em 1971. As posteriores reestruturações da RFFSA contemplaram a unificação de suas linhas em catorze divisões operacionais, no ano de 1969; seguida da criação das doze Superintendências Regionais reunindo as ferrovias de operações similares em torno de sistemas ferroviários locais, em 1975; e da criação de seis malhas macrorregionais, em 1992, organização que prevaleceu até o fim das operações da empresa e que serviu de orientação para o processo de privatização. A Fepasa possuía uma organização interna em sete Unidades Regionais, que foram extintas nos últimos anos da empresa. Em 1998, sua malha foi incorporada à RFFSA como Malha Paulista para o processo de privatização.

PARTE III
AS FERROVIAS BRASILEIRAS

Estrada para o Corcovado, Rio de Janeiro.

A Estrada de Ferro Corcovado foi construída em 1885 como a primeira ferrovia turística no Brasil, e, ao contrário da maioria das shortlines brasileiras, sobreviveu ao longo das décadas como uma das mais movimentadas do país. A imagem, na verdade, é a reprodução de um postal, datado dos anos 1920, retratando um bonde da ferrovia no Rio de Janeiro.

10
AS FERROVIAS BRASILEIRAS

Conforme reportado pela ANTT (2018), a malha ferroviária brasileira possui 29.303 quilômetros de extensão, e possui sua atual configuração criada no processo de privatização da malha pertencente às antigas estatais RFFSA e Fepasa na década de 1990. Destes, 28.218 quilômetros encontram-se distribuídos em catorze concessões feitas pela União, majoritariamente da malha pertencente às antigas estatais; e 1.085 em ferrovias particulares, VLTs e sistemas metroviários. O subsistema ferroviário brasileiro é subordinado ao Ministério dos Transportes,[15] possui como agência reguladora a ANTT, e como principais entidades de representação da indústria ferroviária a Associação Nacional dos Transportadores Ferroviários (ANTF), a Associação Nacional dos Transportadores de Passageiros sobre Trilhos (ANPTrilhos), a Associação Nacional de Transportes Públicos (ANTP) e a Confederação Nacional dos Transportes (CNT).

Apesar de ser a décima mais extensa do mundo, segundo dados de 2018 da Union Internationale des Chemins de fer ("União Internacional dos Caminhos de Ferro", UIC), a rede ferroviária brasileira é insuficiente para o atendimento adequado das demandas do país, principalmente em razão da distribuição geográfica irregular e da pouca integração entre as diversas malhas que a compõem. De acordo

---

15. Transformado no dia 1º de janeiro de 2019 no Ministério da Infraestrutura.

com a CNI (2018), a situação é agravada em função da pouca utilização da malha ferroviária (mais da metade encontra-se ociosa) e da baixa concorrência no mercado ferroviário, de forma que diversas indústrias ou não têm acesso aos serviços de transporte ferroviário ou, entre as que o possuem, muitas sofrem com altos preços e qualidade limitada nos serviços. Em resumo, o Brasil possui um sistema ferroviário muito aquém do necessário tanto em extensão como em qualidade dos serviços, e precisa de reformas urgentes para o destravamento dos atuais gargalos que restringem o seu crescimento e, consequentemente, o desenvolvimento socioeconômico do país como um todo.

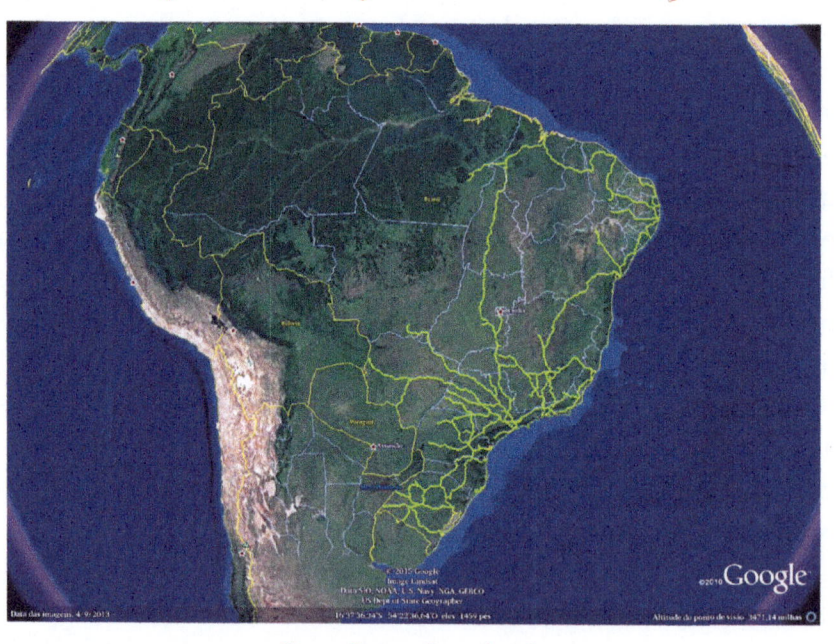

Figura 2 — Sistema ferroviário brasileiro em 2015

Fonte: Centro-Oeste (2015).

Neste capítulo será apresentada a história das ferrovias no Brasil dividida em três tópicos: o primeiro ilustra o desenvolvimento do sistema ferroviário e as condições que propiciaram o surgimento das ferrovias de pequeno porte no cenário nacional; o segundo descreve o fenômeno conhecido como o fim da era ferroviária, que contemplou uma reestruturação no sistema ferroviário, e os motivos que levaram à posterior erradicação da ampla maioria das ferrovias regionais; e o terceiro apresenta a história ferroviária brasileira a partir da consolidação da gestão estatal no setor, seu declínio na segunda metade do século XX e a posterior reforma de privatização da malha ferroviária que serviu de base para o vigente modelo de negócios cuja reforma é objeto de estudo desta pesquisa.

SHORTLINES NO CONTEXTO BRASILEIRO

A primeira legislação ferroviária brasileira data de 1835, quando o então regente Diogo Antônio Feijó, por meio do Decreto nº 101, de 31 de outubro do mesmo ano, cedia o privilégio de concessão por quarenta anos para as companhias que construíssem linhas férreas ligando a capital do Império às capitais das províncias de Minas Gerais, Rio Grande do Sul e Bahia. A primeira concessão foi realizada em março de 1836 pelo Governo da Província de São Paulo à firma Aguiar, Viúva, Filhos & Cia. Ltda. para a construção de uma rede ferroviária entre as cidades de São Paulo, Santos, Campinas, São Carlos, Constituição (atual Piracicaba), Itu e Porto Feliz, mas, devido à instabilidade política do país na época, nada foi feito. O desenvolvimento das ferrovias no Brasil só seria concretizado após a promulgação do Decreto nº 641, de 26 de junho de 1852, por meio do qual foram concedidos diversos benefícios e regras quanto à desapropriação de terrenos, importações de materiais, zona de privilégio[16] de cinco léguas (cerca de dez quilômetros), garantia de juros de 5% sobre o capital empregado, e proibição[17] do uso de trabalho escravo na construção e operação das ferrovias.

---

16. Proibição de construção de trilhos por outras companhias ferroviárias a uma distância menor que cinco léguas de cada lado dos trilhos, a menos que fosse feito um acordo entre as companhias sobre isso.
17. Essa restrição fazia do setor ferroviário o primeiro a utilizar a mão de obra livre e assalariada em um país em que predominava o trabalho escravo.

A primeira ferrovia a ser construída no país foi a E. F. Petrópolis, com base no Decreto nº 987, de 12 de junho de 1852, cujas obras tiveram início no dia 29 de agosto do mesmo ano e cuja inauguração ao público se deu no dia 30 de abril de 1854. Pouco tempo depois, já com base na legislação do Decreto nº 641 (promulgado duas semanas depois), foi fundada a ferrovia E. F. Recife ao Cabo (posteriormente renomeada E. F. Recife ao São Francisco) pela Recife and San Francisco Railway Company, cujas obras tiveram início em 1855 e inauguração no dia 8 de fevereiro de 1858. No mesmo ano, também tiveram início as obras da E. F. Pedro II, cujo primeiro trecho foi inaugurado em 29 de março de 1858; e, um ano depois, as da E. F. Bahia ao São Francisco pela Bahia and San Francisco Railway Company, cuja inauguração se deu no dia 28 de junho de 1860. Ainda no ano de 1860, tiveram início as obras da E. F. São Paulo, construída pela São Paulo Railway, aberta ao público em 16 de fevereiro de 1867. Por fim, a última ferrovia a ser fundada com base nessa legislação foi a Companhia Paulista de Estradas de Ferro, desenvolvida a partir da iniciativa de cafeicultores do interior paulista para explorar o transporte ferroviário a partir de Jundiaí, visto que a São Paulo Railway não possuía interesse em estender seus trilhos para aquela região. Um ponto importante a ser observado nessas primeiras ferrovias é o uso uniforme da bitola[18] de 1,60 m, que seria preterida pela bitola métrica no final do século XIX.

O florescimento das ferrovias que constituiriam a ampla maioria das denominadas "Classe III" no Brasil deu-se à medida que a legislação de 1852 foi modificada, de modo a estimular o crescimento da rede ferroviária no país. Porém, o progressivo afrouxamento das normas técnicas promoveu um crescimento ineficiente do setor ao longo do tempo, uma vez que as novas medidas passaram a viabilizar diversas estradas de ferro que não seriam rentáveis nas condições normais de mercado. A primeira mudança notória ocorreu com a promulgação do Decreto nº 4.674, de 10 de janeiro de 1871, cuja redução dos prazos

---

18. Medida da largura interna dos trilhos.

das novas concessões ferroviárias de 90 para 50 anos incentivava as novas companhias a preferir investimentos em linhas menores e de custos mais baixos.

Ainda, havia a questão da garantia de juros de 5% a 7% sobre o capital investido nas ferrovias que vigorava desde 1852. Segundo Telles (1984), esse mecanismo era o principal convite à ineficiência e a causa dos altos custos da construção de estradas de ferro no país. Entre 1852 e 1886, o Tesouro desprendeu 110 mil contos de réis em subsídios às companhias ferroviárias, sendo 30% dessa quantia destinados apenas à E. F. Bahia ao São Francisco.

Com a promulgação do Decreto n° 5.106, de 5 de outubro de 1872, pela primeira vez a escolha da bitola era deixada a cargo da companhia ferroviária a construir a linha. Esse decreto relativo à Recife and San Francisco Railway permitia o prolongamento da linha férrea nas bitolas larga (1,60 m) e métrica (1,00 m); entretanto, como a ferrovia em questão já operava com a bitola de 1,60 m, a liberdade contratual pouco contribuiu no momento para a escolha da bitola métrica na construção do novo trecho ferroviário (Edmundson, 2016). No ano seguinte, com a promulgação do Decreto n° 2.450, de 24 de setembro de 1873, as consequências da alteração dos prazos contratuais das concessões de 1871 foram drasticamente agravadas e trouxeram consequências trágicas para todo o setor ferroviário no Brasil.

A tentativa de reversão do problema do alto custo das estradas de ferro se deu com a promulgação do Decreto n° 2.450, de 24 de setembro de 1873, por meio do qual a União concedia subsídio de 30 contos de réis por quilômetro de linha. Além disso, eram garantidos juros de até 7% sobre o capital empregado às companhias que construíssem linhas férreas na conformidade da Lei n° 641, de 1852, que fossem capazes de garantir a renda líquida de 4% pelo prazo de 30 anos. Esse decreto, que posteriormente se tornaria conhecido como Subvenção Quilométrica, na prática era um incentivo ainda maior à ineficiência, visto que as estradas de ferro de custo inferior a 30 contos por quilômetro seriam construídas praticamente de forma gratuita para as companhias ferroviárias.

O surto ferroviário promovido pela legislação de 1873 é notório: dos 1.128 quilômetros existentes na sua promulgação, a rede ferroviária brasileira expandiu-se para 16.780 quilômetros de linhas em 1903, quando as garantias de juros foram extintas por efeito da Lei nº 1.145, de 31 de dezembro de 1903. A expansão ferroviária nesse período era essencialmente liderada pelas ferrovias de pequeno porte: das mais de 60 empresas listadas, menos da metade possuía mais de 200 quilômetros de linhas, e apenas a E. F. Central do Brasil[19] tinha mais de mil quilômetros de extensão.[20] Ainda, a grande maioria dessas empresas atuava em apenas um estado, sendo raros os casos de estradas de ferro que constituíam redes de integração de abrangência interestadual ou nacional.

Além da limitação da abrangência das diversas estradas de ferro que se proliferavam pelo país, havia a questão das bitolas: como não havia inicialmente qualquer restrição quanto à escolha das bitolas, as novas companhias, visando beneficiar-se dos subsídios, passavam a adotar bitolas estreitas e construir traçados extremamente sinuosos para obter maiores quilometragens em suas linhas, de forma que a Companhia Paulista de Estradas de Ferro foi a última empresa brasileira a utilizar a bitola larga em suas linhas. No final do século XIX, proliferou-se por todo o país uma ampla diversidade de bitolas ferroviárias: quando foi proclamada a República no ano de 1889, o país contava com onze bitolas: 0,60 m; 0,762 m; 0,95 m; 0,955 m; 1,00 m; 1,10 m; 1,20 m; 1,40 m; 1,57 m e, 1,60 m e 1,676 m. A situação mudou apenas com a promulgação do Decreto nº 7.959, de 29 de dezembro de 1880, por meio do qual foram oficializadas as bitolas de 1,00 m e 1,60 m; entretanto, o entrave permanecia, de forma que, em 1921, havia 1.615 quilômetros de linhas em bitola larga e 25.811 quilômetros em bitola métrica.[21]

---

19. Antiga E. F. D. Pedro II, renomeada em 1889.
20. Segundo relatório do Ministério de Viação e Obras Públicas de 1903.
21. O MVOP registra que, em 1921, existiam seis bitolas em todo o país: 1,60 m (1.655,48 quilômetros), 1,44 m (15,82 quilômetros), 1,00 m (26.348,18 quilômetros), 0,76 m (723,41 quilômetros), 0,66 m (8 mil quilômetros) e 0,60 m (78,34 quilômetros).

Nos últimos anos do Império, as companhias ferroviárias com pagamentos de juros garantidos pelo Estado representavam 43% da rede ferroviária nacional e possuíam uma forte dependência dos recebimentos da União em decorrência das enormes dificuldades na geração de caixa para cobrir os custos de capital. Com a proclamação da República e as turbulências políticas e econômicas que culminaram na chamada crise do Encilhamento, essa situação logo se mostrou insustentável, devido à redução da capacidade da União em efetuar os pagamentos de subsídios às estradas de ferro. A insolvência no ano de 1898 obrigou o Governo Federal a realizar a primeira renegociação[22] de sua dívida, no valor de dez milhões de libras esterlinas, e as posteriores restrições orçamentárias impactaram diretamente o rápido crescimento do mercado ferroviário.

As principais medidas domésticas tomadas pelo então Ministro da Fazenda Joaquim Murtinho foram o corte de crédito à indústria, a paralisação da emissão de moeda, a retirada de circulação da quantia de dinheiro referente ao valor do empréstimo, a criação de novos impostos (entre os quais podem-se destacar o de consumo e o do selo) e o aumento dos já existentes, o corte de gastos públicos e a contenção dos aumentos de salários. Os maiores prejudicados com o Funding Loan foram os bancos nacionais, que perderam mais de 50% do mercado para as instituições financeiras estrangeiras, como o London and Brazilian Bank; a população assalariada, que assistiu à dramática queda de seu poder de compra com os congelamentos de salários diante da inflação; e as companhias ferroviárias dependentes das garantias de juros do Governo Federal, que receberam os Funding Bonds em vez do pagamento dos juros. Com os pagamentos em títulos de menor

---

22. O programa de renegociação chamado Funding Loan foi feito no dia 15 de junho de 1898 com o banco Rotschild, e contemplou um empréstimo de £10.000.000 para o pagamento dos juros da dívida nos três anos seguintes. Os títulos, denominados United States of Brazil 5% Funding Bonds, poderiam ser resgatados dentro de um período de 63 anos a partir do dia 1º de julho de 1898. As garantias aos credores incluíam a penhora de toda a receita da Alfândega do Rio de Janeiro (e, se necessário, de outras alfândegas), a concessão de dez anos, além dos três primeiros para o início do pagamento, e o compromisso de combater a inflação galopante que corroía o poder de compra do real.

liquidez e as taxas de descontos cotadas entre 15% e 20%, ocorreu uma drástica queda de liquidez para essas empresas, conforme mencionado em matéria publicada na revista *The Investors' Review* em 24 de junho de 1898.

> O fato que o Governo Brasileiro se propõe a pagar suas garantias ferroviárias durante os próximos três anos em Funding Bonds é uma questão séria para as ferrovias brasileiras garantidas. Essas linhas são, num sentido ferroviário, entidades das mais miseráveis; sendo as únicas companhias importantes aquelas que operam sem nenhuma garantia. Nenhuma das linhas garantidas ganha qualquer coisa parecida com os juros sobre seu capital de debêntures, e a maioria das companhias opera com prejuízo absoluto. [...] Espalhadas pelo país, sem muita conexão uma com a outra, e frequentemente sem nenhuma razão objetiva de existir, a sua única vantagem é que normalmente elas ligam uma parte do interior com um porto no litoral. [...] O calote do Governo Brasileiro agrava uma situação já defeituosa e pode resultar em disputas embaraçosas.

A supressão das garantias de juros às companhias ferroviárias levou a uma falência em massa no setor ferroviário na primeira década do século XX, durante a qual o Governo Federal foi obrigado a assumir diversas ferrovias e, diante da incapacidade de assumir mais despesas, licitá-las novamente para o setor privado. Nesse período, pode-se observar uma onda de fusões, nas quais algumas companhias ferroviárias, como a Great Western of Brazil e a Companhia E. F. Leopoldina, adquiriram diversas outras estradas de ferro de pequeno porte, ação promovida pelo governo com o intuito de gerar economias de escala e racionalizar as operações ferroviárias em redes de maior abrangência. Entretanto, essa medida não se mostrou eficiente em deter o declínio das ferrovias no longo prazo, visto que nessas duas primeiras décadas do século XX as transformações do cenário político e econômico passaram a inviabilizar o modelo de negócios ferroviários estabelecido no século XIX.

A primeira variável econômica a prejudicar o desempenho das companhias ferroviárias brasileiras foi a inflação. Enquanto a moeda permaneceu estável por todo o Segundo Reinado (1840-1889), a Primeira República (1889-1930) foi marcada por uma inflação[23] mais acentuada, durante a qual o antigo real perderia progressivamente seu valor até ser substituído pelo cruzeiro, em 1942. Como a ampla maioria dos bens de consumo e de capital (material rodante, combustíveis, equipamentos etc.) utilizados na indústria ferroviária era importada, a desvalorização da moeda acarretava notáveis aumentos nos custos dos investimentos e operações, bem como no custo de vida dos ferroviários, que passavam a exigir das empresas maiores ajustes salariais.

Com as limitações de investimentos em material rodante para atender às crescentes demandas a custos menores, as companhias ferroviárias eram forçadas a aumentar a utilização dos trens.[24] Ainda, havia a questão da diversificação da demanda: longe de ser dedicado apenas ao transporte de café, o sistema ferroviário brasileiro era responsável pelo transporte das mais variadas mercadorias, como açúcar, sal, aguardente, borracha, e as denominadas cargas gerais, listadas como diversas nos relatórios do MVOP. E essa diversificação era ainda maior fora da região da cafeicultura paulista, onde, na ausência de grandes volumes de mercadorias para embarcar, as companhias precisavam recorrer a todo tipo de transporte para auferir renda.

Mesmo em uma ferrovia inserida na região da cafeicultura, como a Companhia E. F. do Dourado, o transporte de café respondia por apenas um terço do volume total de mercadorias transportadas, apro-

---

23. No fim do Império, a libra esterlina era cotada a 9,08 mil-réis (1889); com a crise do Encilhamento, sua cotação subiu para 33,39 mil-réis, em 1898; em 1900, estava cotada a 25,26 mil-réis; nas décadas de 1910 e 1920, seu valor permaneceu próximo dos 15 mil-réis; e, em 1930, chegou a 44,44 mil-réis, quando a República Velha foi encerrada com o golpe de Estado que levou Getúlio Vargas ao poder.

24. O percurso total subiu de 16,7 milhões de quilômetros/ano, em 1905, para 44,1 milhões de quilômetros/ano, em 1920, havendo um crescimento de 157% na movimentação de trens de passageiros, 235% na movimentação de trens de carga e 67,5% na movimentação de trens mistos.

ximadamente.²⁵ Tais problemas eram agravados pelo modelo de concessão vigente na época, que obrigava as empresas a transportar todo tipo de mercadoria; e pela natureza do transporte delas, que tornava necessário o emprego de mais mão de obra para o manuseio das cargas. O número de trabalhadores no mercado ferroviário mais do que dobrou no período compreendido entre 1900 e 1920, o que implicou um considerável aumento de custos nas operações das companhias.

Figura 3 — Ferrovias brasileiras em 1930

Fonte: Centro-Oeste (2019).

---

25. Conforme divulgado nos relatórios da própria Companhia.

Dessa forma, mesmo com os notáveis aumentos na demanda pelo transporte ferroviário durante a Primeira República, as empresas ferroviárias brasileiras enfrentavam complicações financeiras cada vez maiores decorrentes do progressivo aumento dos custos operacionais. Sem grandes reformas institucionais de longo prazo para reverter o quadro de declínio do setor, os últimos anos da Primeira República seriam inevitavelmente marcados pelo agravamento do modelo de negócios ferroviário e uma deterioração que somente seria revertida com a criação de um novo modelo de negócios para o setor. As ferrovias brasileiras, portanto, não conseguiram vencer o primeiro desafio que o setor enfrentaria no século XX: o de se reinventar em um cenário de restrição à obtenção de bens de capital — dificuldade que seria acentuada com o advento da concorrência com o modal rodoviário.

O FIM DA ERA FERROVIÁRIA

O período conhecido como a "era ferroviária" no Brasil teve seu fim no ano de 1929, com a crise econômica nos Estados Unidos. Nessa época, a cafeicultura brasileira foi à falência, pois os Estados Unidos eram os maiores compradores do café brasileiro. Com a queda brutal nas exportações de café, a política de valorização artificial do café criada em 1906 por meio do Convênio de Taubaté mostrou-se imediatamente inviável, em decorrência do alto endividamento da União, que tornou impossível a aquisição dos enormes volumes de café que se acumulavam nos armazéns. Consequentemente, também se esgotou o modelo de negócios de transportes baseado nas ferrovias, visto que as empresas mais lucrativas do país eram aquelas destinadas ao transporte de café.

No dia 24 de outubro de 1930 foi sepultada a Primeira República, com o golpe de Estado que depôs o presidente Washington Luís (1926-1930) e levou ao poder o caudilho Getúlio Vargas (1882-1954), dando início ao período denominado Era Vargas (1930-1945). Com a promulgação de uma nova Constituição pelo Governo Provisório no dia 16 de julho de 1934, o tratamento dado às estradas de ferro sofre notáveis alterações: passou a ser competência da União a exploração ferroviária e sua transferência a particulares por concessões, bem como o estabelecimento do Plano Geral Nacional de Viação (Brasil, 1934). Assim, estava lançada a base para o novo modelo de negócios baseado na estatização do sistema ferroviário, inicialmente marcado pelo progressivo avanço da estatização das estradas de ferro, pela racionalização da administração ferroviária no Brasil, pela acentuada desaceleração da expansão ferroviária e por um crescente desalento da classe política com as ferrovias quanto à sua eficiência como meio de transporte capaz de promover a integração nacional.

No ano de 1940 foi criada pelo Ministério da Viação e Obras Públicas a primeira classificação das companhias ferroviárias brasileiras segundo a receita bruta e a natureza da administração, a partir dos dados reunidos sobre as estradas de ferro de propriedade ou concessão da União. Com 34.252 quilômetros de linhas em sua extensão total, a malha ferroviária brasileira era administrada por 51 empresas ferroviárias, das quais 11 eram classificadas como de primeira categoria, 6 de segunda, e 34 de terceira, sendo as de primeira categoria proprietárias de 24.592 quilômetros de linhas, as de segunda, de 4.838 quilômetros, e as de terceira, de 4.822 quilômetros. Constituíam ferrovias de relevância nacional as companhias de primeira e segunda categorias, sendo as de terceira categoria as empresas de caráter regional, podendo ser separadas em duas categorias: as shortlines paulistas (12 das 34 ferrovias), que possuíam como principal objetivo a alimentação das ferrovias de maior abrangência; e as shortlines do restante do país (22 das 34 empresas), que possuíam atuação independente nos seus estados de abrangência.

No ano seguinte, por efeito do Decreto-Lei nº 3.163, de 31 de março de 1941, foi criado o Departamento Nacional de Estradas de Ferro (DNEF), órgão subordinado ao MVOP com o intuito de zelar pelo setor ferroviário do Plano Nacional de Viação, superintender a administração das estradas de ferro e propor o estabelecimento de normas gerais para as atividades ferroviárias no país. Assim, o sistema ferroviário passava a contar com um órgão específico da mesma forma que o rodoviário, que já contava havia quatro anos com o Departamento Nacional de Estradas de Rodagem (DNER), criado pela antiga Comissão de Estradas de Rodagem Federais. Por fim, merecem destaque as iniciativas de qualificação dos trabalhadores ferroviários, como a criação do Centro Ferroviário de Educação e Seleção Profissional (CFESP),[26] no ano de 1934, e do Serviço Nacional de Aprendizagem Industrial (SENAI), em 1942, com o objetivo de desenvolver um sistema de ensino capaz de entregar uma mão de obra qualificada para as novas demandas da indústria ferroviária.

Após o fim da Segunda Guerra Mundial e a deposição do ditador Getúlio Vargas, teve início a Quarta República (1946-1964), com a eleição do presidente Eurico Dutra (1883-1974) e a promulgação de uma nova Constituição em 18 de setembro de 1946. No dia 10 de maio de 1948, foi apresentado ao Congresso o primeiro plano de desenvolvimento econômico do país, retomando a tendência intervencionista iniciada em 1930. No mesmo ano, foi constituída a Missão Abbink, com o objetivo de retomar os trabalhos de cooperação econômica entre o Brasil e os Estados Unidos estabelecidos pela Missão Cooke seis anos antes, sendo as atividades focadas na análise dos problemas econômicos e financeiros referentes ao balanço de pagamentos e a medidas de estabilidade econômica que propiciassem a absorção de capital estrangeiro; o relatório final foi apresentado no dia 7 de fevereiro de 1949. No dia 18 de maio de 1950, foi aprovado o Plano SALTE baseado no relatório da Missão Abbink.

Contemplando diversos investimentos nas áreas de saúde, educação, transporte e energia (sendo a sigla SALTE composta pelas iniciais dessas cinco indústrias), o Plano SALTE possuía como metas na área de transportes: (I) racionalização na administração e padronização das bitolas ferroviárias; (II) construção de novas rodovias e pavimentação das já existentes; (III) regulamentação dos aeroportos; e (IV) modernização e ampliação dos portos. O cronograma previa a realização

---

26. O CFESP foi extinto no ano de 1948.

dos investimentos entre os anos de 1949 e 1953, porém a ausência de formas de financiamento dificultou o cumprimento dos prazos, e o Plano SALTE acabou por ser descontinuado pouco tempo depois. A maior parte dos recursos foi utilizada nos projetos do setor energético, e pouco foi feito na área de transportes — a obra de maior destaque foi a rodovia Presidente Dutra, inaugurada no dia 19 de janeiro de 1951 ligando as cidades de São Paulo e Rio de Janeiro.

Como pode ser observado na tabela a seguir, no fim da era ferroviária o Brasil contava com uma malha bastante heterogênea,[27] composta por 51 empresas. Destas, 40 podem ser classificadas como shortlines (pertencentes à segunda e à terceira categorias), concentrando uma porcentagem de 28,29% do total de quilometragem das linhas. Entretanto, as shortlines brasileiras apresentavam importantes divergências estruturais em relação às norte-americanas, que nas décadas seguintes seriam a principal causa da sua desativação em larga escala:[28] as ferrovias de terceira categoria concentravam a maior parte dos déficits relativos à indústria ferroviária e possuíam estruturas pouco voltadas à integração com o restante da malha ferroviária e ao transporte de mercadorias adequadas ao modal.

Tabela 1 — Companhias ferroviárias do Brasil na década de 1940

Companhia	Extensão (km)	Estados de atuação
Primeira categoria (11 empresas)		
Rede Mineira de Viação	3.891	MG, RJ, SP
Viação Férrea do Rio Grande do Sul	3.367	RS
E. F. Central do Brasil	3.174	DF, MG, RJ, SP

---

27. A maioria das linhas férreas que se pretende reativar pertencia às companhias ferroviárias de primeira e segunda categorias, visto que a ampla maioria das ferrovias de terceira categoria já foi desativada há décadas, na metade do século XX.

28. Das 34 companhias ferroviárias de terceira categoria, restaram, em 2019, apenas quatro: E. F. Dona Teresa Cristina, como única a realizar transporte comercial de mercadorias; E. F. Campos do Jordão e E. F. Corcovado, preservadas com finalidades turísticas; e E. F. Perus Pirapora, parcialmente preservada.

Leopoldina Railway	3.082	DF, ES, MG, RJ
E. F. Sorocabana	2.141	SP
Rede de Viação Paraná--Santa Catarina	2.122	PR, SC, SP
Companhia Mogiana de Estradas de Ferro	1.959	MG, SP
Great Western of Brazil Railway	1.637	AL, PB, PE, RN
Companhia Paulista de Estradas de Ferro	1.511	SP
E. F. Noroeste do Brasil	1.461	MT, SP
São Paulo Railway	139	SP
Quilometragem total	**24.484**	
Segunda categoria (6 empresas)		
Viação Férrea Federal Leste Brasileiro	1.897	BA, SE
Rede de Viação Cearense	1.404	CE, PB
E. F. Vitória a Minas	562	ES, MG
E. F. Goyaz	439	GO, MG
E. F. Araraquara	300	SP
E. F. São Paulo-Paraná	236	PR, SP
Quilometragem total	**4.838**	
Terceira categoria (34 empresas)		
E. F. Bahia a Minas	555	BA, MG
E. F. São Luís-Teresina	453	MA, PI
E. F. Madeira Mamoré	366	AM, MT
E. F. Central do Rio Grande do Norte	342	RN
Companhia E. F. do Dourado	317	SP
E. F. Bragança	294	PA
E. F. Nazaré	286	BA
E. F. Dona Teresa Cristina	239	SC
E. F. Petrolina a Teresina	204	PE, PI
EFCP	191	PI
EFSPM	180	MG, SP
E. F. Mossoró	175	RN

E. F. Maricá	158	RJ
E. F. São Paulo Goiás	149	SP
E. F. Ilhéus a Conquista	128	BA
E. F. Santa Catarina	114	SC
E. F. Tocantins	82	PA
E. F. Mate Larangeira	68	PR
E. F. São Mateus	68	ES
E. F. Palmares a Osório	55	RS
E. F. Itapemirim	54	ES
E. F. Campos do Jordão	47	SP
E. F. Jacuí	46	RS
E. F. Morro Agudo	41	SP
Tramway da Cantareira	35	SP
E. F. Monte Alto	31	SP
Ramal Férreo Campineiro	31	SP
E. F. Jaboticabal	25	SP
E. F. Porto Alegre e Vila Nova	22	RS
E. F. Itatibense	20	SP
E. F. Barra Bonita	18	SP
E. F. Perus Pirapora	16	SP
E. F. Morro Velho	8	MG
E. F. Corcovado	4	RJ
Quilometragem total	**4.822**	

Fonte: MVOP (1940, 1942, 1943).

AS FERROVIAS DO BRASIL MODERNO

A criação das ferrovias do Brasil moderno pode ser atribuída à Comissão Mista Brasil-Estados Unidos (CMBEU), fundada com um acordo feito em 19 de dezembro de 1950 entre os governos dos dois países, como a terceira iniciativa de técnicos estadunidenses e brasileiros para a elaboração de estudos sobre os problemas econômicos do Brasil. Em contraste com as missões Cooke e Abbink, a CMBEU destacava-se pelo maior foco setorial dos projetos e pela proposta de financiamento externo para a execução deles. Conforme descrito no relatório geral da CMBEU apresentado em 1954,[29] o objetivo resumido em poucas linhas consistia em:

> [...] promover o desenvolvimento econômico do Brasil, tendo em vista, particularmente, a formulação de planos de investimento destinados a vencer as deficiências em transporte e energia — a Comissão Mista elaborou quarenta e um minuciosos projetos.

O custo total dos projetos desenvolvidos pela CMBEU em valores do primeiro semestre de 1953 era de Cr$ 21,9 bilhões, sendo Cr$ 14 bilhões em moeda nacional e US$ 390 milhões (equivalente a Cr$ 7,9 bilhões) em moeda estrangeira. O financiamento em moeda nacional deveria ser realizado por Governo Federal, estados e capital privado, ao passo que os recursos em moeda estrangeira seriam oriundos do Banco Internacional para Reconstrução e Desenvolvimento (BIRD) e do Export and Import Bank of the United States (EXIM Bank). Para a administração dos recursos nacionais, deveria ser criado um banco de fomento específico, que foi fundado em junho de 1952 e denominado Banco Nacional de Desenvolvimento Econômico (BNDE).[30]

A ênfase no setor ferroviário é notória: dos 41 projetos, 17 eram dedicados às ferrovias e concentravam 54,8% do total dos recursos em moeda nacional e 38% dos recursos em moeda estrangeira, e em segundo lugar ficava o setor de energia elétrica, com nove projetos e cerca de um terço dos recursos tanto em moeda nacional como estrangeira. O restante dos recursos era destinado a portos (quatro proje-

---

29. Comissão Mista Brasil-Estados Unidos para o desenvolvimento econômico, Relatório Geral — Tomo I, 1954, p. 11.
30. O BNDE foi renomeado BNDES (Banco Nacional do Desenvolvimento Econômico e Social) no dia 25 de maio de 1982, por meio do Decreto-Lei nº 1.940.

tos), navegação (quatro projetos), agricultura (três projetos), estradas de rodagem (dois projetos) e indústria (dois projetos). Os projetos dedicados às ferrovias consistiam essencialmente em capacitações e adequações das vias para o desenvolvimento da capacidade de tráfego (por meio do aumento na velocidade e no suporte de tonelagem dos veículos) e para a aquisição de material rodante e equipamentos diversos, como sinalização e manutenção.

Não havia, entretanto, uma proposta concreta de integração do sistema ferroviário brasileiro, que na época contava com diversas estradas de ferro desarticuladas pelo território nacional. A maior medida tomada a respeito do assunto foi a proposta de criação de uma entidade de gestão para a racionalização da administração ferroviária, que seria criada em 1957 como Rede Ferroviária Federal S.A. (RFFSA). Ainda assim, a estatal não reunia todas as estradas de ferro do país em sua malha e, ao longo de suas quatro décadas de existência, não recebeu a devida atenção para a constituição de uma genuína rede ferroviária de abrangência nacional.

Das companhias ferroviárias contempladas pelo planejamento da CMBEU, a E. F. Central do Brasil era, de longe, a mais visada, devido à sua maior importância no sistema ferroviário nacional. A ferrovia contava com o maior de todos os projetos para suas linhas principais de bitola larga, e outros dois para suas linhas de subúrbio na Baixada Fluminense e suas linhas de bitola métrica no sul de Minas Gerais. Também recebiam tratamento distinto com projetos similares de modernização as companhias E. F. Araraquara, E. F. Goiás, E. F. Leopoldina, E. F. Noroeste do Brasil, E. F. Santos a Jundiaí, E. F. Sorocabana, Companhia Paulista de Estradas de Ferro, Companhia Mogiana de Estradas de Ferro, Rede Mineira de Viação, Rede de Viação Paraná-Santa Catarina e Viação Férrea do Rio Grande do Sul.

Já as estradas de ferro do Nordeste, devido à menor expressividade no cenário nacional, foram agrupadas em dois projetos de reaparelhamento. O primeiro contemplava o reequipamento das ferrovias E. F. Central do Piauí, E. F. Mossoró, E. F. Nazaré, E. F. São Luís-Teresina, Rede de Viação Cearense e Viação Férrea Federal Leste Brasileiro; e o outro, das ferrovias E. F. Sampaio Correia e Rede Ferroviária do

Nordeste. Por fim, foi feito um relatório especial para a E. F. Vitória a Minas, visto que essa ferrovia solicitou diretamente ao EXIM Bank um empréstimo de US$ 1,8 milhão (equivalente a Cr$ 36,45 milhões) para a aquisição de nove locomotivas para seu parque de tração.

Apesar do encerramento precoce da CMBEU em julho de 1953, decorrente do desgaste da relação entre os dois países durante o segundo governo Vargas (1951-1954), a Comissão deixou como principal legado uma profunda transformação na administração ferroviária no Brasil. Da mesma forma que a Comissão fundamentou um amplo programa de modernização das estradas de ferro brasileiras, também forneceu as bases para o processo de erradicação de diversas linhas férreas consideradas antieconômicas. Com o acelerado desenvolvimento industrial no país e o advento do modal rodoviário, tinha início uma profunda transformação no perfil das ferrovias brasileiras, marcada pelo declínio do transporte das denominadas cargas gerais e pela especialização no transporte de granéis, minérios e produtos industrializados.

O surgimento de uma política de supressão de linhas férreas reconhecidas pelo poder público como antieconômicas se deu com o Decreto-Lei nº 2.698, de 27 de dezembro de 1955, que delineava as diretrizes de supressão desses ramais. O decreto também determinava o direcionamento de parte da arrecadação dos impostos provenientes dos combustíveis e lubrificantes líquidos derivados do petróleo fabricados no Brasil e dos importados para a construção, o revestimento ou a pavimentação de rodovias, destinadas a substituir ramais ferroviários reconhecidamente deficitários. Essa política de reestruturação do sistema ferroviário consolidava a priorização dos recursos para as ferrovias de linhas de maior tráfego, com o objetivo de estancar os sucessivos déficits do setor, que tomava uma fatia considerável do orçamento da União.

Em 1956, foi criada a primeira comissão por técnicos do DNEF e do DNER com o objetivo de estudar e viabilizar a erradicação das linhas férreas consideradas antieconômicas, diagnosticadas pela CMBEU como a principal causa dos déficits de algumas empresas, como nos casos da E. F. Leopoldina (Projeto 28) e da Rede Mineira de Viação (Projeto 20). Com a construção de novas estradas e a melhoria das já existentes, esperava-se um agravamento no desempenho de tais ramais e consequente aumento dos déficits das companhias ferroviárias, bem como uma redução da necessidade dos ramais para as regiões atendidas. Embora a supressão de linhas férreas de baixa densidade fosse um fenômeno mundial, esse processo no Brasil se deu com um caráter de política antiferroviária, dada a pouca consideração do poder público a critérios não contábeis, à relação entre custo-benefício de tais linhas e à possibilidade de incrementos e revitalização dos ramais em questão.

A reestruturação do sistema ferroviário passou por um notório avanço com a criação da RFFSA (16 de março de 1957) como uma holding que reunia cerca de 20 estradas de ferro pertencentes à União.[31] O processo de extinção de ramais ferroviários tomou novo impulso com a criação da estatal, visto que a nova companhia almejava a padronização do funcionamento das ferrovias incorporadas e a racionalização das operações, priorizando as ferrovias mais bem-sucedidas de primeira e segunda categorias em detrimento das de terceira. Ainda no governo de Juscelino Kubitschek (1956-1961), foi elaborado um novo programa de desenvolvimento, denominado Plano de Metas, que contemplava 30 medidas consideradas essenciais para o desenvolvimento do país nos setores de energia, transportes, alimentação e indústrias de base.

Apesar do destaque dado às ferrovias, o Plano de Metas marcou a mudança de prioridades do Governo Federal no setor de transportes, como a primeira vez em que o setor rodoviário receberia mais investimentos que o ferroviário. O programa previa um reaparelhamento do sistema ferroviário com a aquisição de 11 mil vagões, 900 carros de

---

31. O número de ferrovias incorporadas varia dependendo do critério de classificação. Algumas ferrovias, como a E. F. Bahia e Minas, por exemplo, são classificadas como estrada independente e ao mesmo tempo listadas com a proprietária Viação Férrea Federal Leste Brasileiro.

passageiros, 420 locomotivas e 850 mil toneladas de trilhos (Meta 6); e a construção de apenas 2,1 mil quilômetros de novas ferrovias e 280 quilômetros de variantes (Meta 7) — em contraste com a pavimentação de 5 mil quilômetros de rodovias (Meta 8) e a construção de 12 mil quilômetros de novas estradas de rodagem (Meta 9). Desses objetivos, foram adquiridos 6.498 vagões, 504 carros e 389 locomotivas, e entregues 826 quilômetros de linhas, o que representa cerca de 76% da Meta 6 e 16% da Meta 7; enquanto o sistema rodoviário recebeu 30 mil quilômetros de novas rodovias e 5 mil quilômetros de estradas pavimentadas, o que corresponde a 150% da Meta 8 e 100% da Meta 9.

Ainda, o governo JK criou diversos incentivos à indústria automotiva, dando início à explícita opção pelo modal rodoviário que seria amplamente continuado pelos governos militares a partir de 1964, como pode ser observado na progressiva redução dos investimentos na expansão da rede ferroviária. O principal argumento utilizado na época era baseado na premissa de que a indústria automotiva, por apresentar um maior encadeamento com outras indústrias complementares, contribuiria para um maior desenvolvimento do parque industrial nacional. Durante os governos posteriores, a erradicação de linhas férreas consideradas antieconômicas prosseguiu de forma sistemática até culminar na criação do Grupo Executivo de Substituição de Ferrovias e Ramais Antieconômicos (GESFRA), em 1966, durante o governo do Marechal Castelo Branco (1964-1967).

Tabela 2 — Principais extensões de ramais ferroviários a serem erradicados em 1960

Ferrovia	Extensão a erradicar (km)
E. F. Central do Brasil	318
E. F. Leopoldina	952
E. F. Noroeste do Brasil	107
E. F. São Luís-Teresina	43

Rede Ferroviária do Nordeste	372
Rede Mineira de Viação	1.087
Rede de Viação Cearense	124
Rede de Viação Paraná-Santa Catarina	318
Viação Férrea do Rio Grande do Sul	495
Viação Férrea Federal Leste Brasileiro	297
Total	**3.799**

Fonte: Estradas de Ferro do Brasil, 1960.

O principal empreendimento do Regime Militar (1964-1985) no setor ferroviário foi a Ferrovia do Aço,[32] anunciada em 1973 com o objetivo de integrar as três principais metrópoles brasileiras. Apelidada na época do chamado Milagre Econômico pelo Governo Federal como a Ferrovia dos Mil Dias, a obra contaria com padrões técnicos de Primeiro Mundo[33] e era orçada em US$ 1,1 bilhão. Entretanto, o custo logo mostrou-se consideravelmente superior em decorrência do relevo difícil da região a ser percorrida, e, com o arrefecimento da economia no final da década de 1970, o empreendimento se arrastou por 5.098 dias, sendo definitivamente inaugurado em 1989 em via simples e sem a eletrificação.

Na mesma época, também se arrastava a construção do corredor de exportação Santos-Uberaba da Fepasa,[34] cujas obras foram iniciadas em 1981 e terminariam incompletas quando ocorreu a privatização da empresa, em 1998. O único empreendimento ferroviário bem-suce-

---

32. O projeto era baseado em uma antiga proposta da Rede Mineira de Viação de uma linha especializada para o transporte de minério de ferro ligando Jeceaba ao porto de Angra dos Reis (RJ), tendo como principal modificação o terminal da ferrovia em decorrência da inauguração do porto de Sepetiba. Para mais detalhes sobre a Ferrovia do Aço, ver o *site* disponível em: http://www.pell.portland.or.us/~efbrazil/electro/ferroaco.html (acesso em: 4 jan. 2020) e ver Gorni (2003).
33. Via dupla, raio mínimo de 900 m, rampa máxima de 1% e eletrificação de corrente alternada de 25 kV e 60 Hz.
34. Para mais detalhes sobre o Corredor Santos-Uberaba, ver o *site* disponível em: http://www.pell.portland.or.us/~efbrazil/electro/fepasa.html (acesso em: 2 jan. 2020) e ver Gorni (2003).

dido foi a E. F. Carajás, construída entre 1982 e 1985 pela então Companhia Vale do Rio Doce (CVRD)[35] como parte do Programa Grande Carajás, e destinada prioritariamente ao transporte de minério de ferro e manganês das minas de Carajás ao porto de Itaqui, em São Luís (MA). Por fim, foi criada em 1984 a Companhia Brasileira de Trens Urbanos (CBTU), com o objetivo de separar as problemáticas e deficitárias operações de subúrbios da RFFSA, dada a notória dificuldade da estatal em fechar suas contas diante do fato de a União não conseguir despender recursos para a empresa na década de 1980.

A deterioração do sistema ferroviário teve início em 1985, quando o Governo Federal suprimiu os investimentos para o setor, medida que, em poucos anos, levou a RFFSA à beira do colapso. Em 1994, o Governo do Estado de São Paulo descontinuou os investimentos na Fepasa, agravando a situação da companhia que também já enfrentava diversas dificuldades. Em março de 1992, junto com outras 67 estatais, a RFFSA foi incluída no PND em um contexto de revisão do papel do Estado na economia e reestruturação do setor público, no qual o principal objetivo da União era a redução de prejuízos nos cofres públicos.

Embora o plano inicial contemplasse a desoneração completa do Estado sobre a RFFSA, a União não se desvinculou totalmente da estatal devido à pressão corporativa dos ferroviários e à gradual mudança de posicionamento da classe política durante a execução do PND,[36] ficando decidido que apenas as operações ferroviárias seriam transferidas ao setor privado e o governo permaneceria com os ativos ferroviários. Ainda, como a privatização do setor ferroviário requeria alterações constitucionais para a sua viabilização, o processo foi realizado de forma muito mais limitada do que a de outras indústrias. Consequentemente, a privatização do sistema ferroviário foi um processo muito mais restrito, e cujas deficiências não demorariam a aparecer.

---

35. Renomeada Vale em 2009.
36. Para mais detalhes sobre o Programa Nacional de Desestatização, ver os *sites* disponíveis em: https://www.mises.org.br/Article.aspx?id=637 e https://www.mises.org.br/Article.aspx?id=646. Acessos em: 4 jan. 2020.

Figura 4 — Organização da RFFSA em 1974

SISTEMA REGIONAL NORDESTE

SUPERINTENDÊNCIA: Rua D. Maria César, 170 – 3º andar – Recife, PE – Fones 241703 e 43-262 – TLX 860 e Sistema ISB: radioteletipo e radiofonia.
1a. DIVISÃO Praça Gomes Souza, s/n – São Luiz, MA – Fone 23123 – Radiotelefonia – CGCMF 33.613.332/10
2a. DIVISÃO Praça Castro Carreira, s/n – Fortaleza, CE – Fone 265067 – TLX 878 e Sistema ISB: radioteletipo e radiofonia – CGCMF 33.613.332/6
3a. DIVISÃO Praça da Central, s/n – Recife, PE – Fone 240661 – TLX 860 e Sistema ISB: Radioteletipo e radiofonia – CGCMF 33.613.332/11
4a. DIVISÃO Praça da Inglaterra, s/n – Salvador, BA – Fone 25668 – TLX 823 – CGCMF 33.613.332/13

SISTEMA REGIONAL CENTRO

SUPERINTENDÊNCIA: Ed. D. Pedro II, s/451 – Rio, GB – Fone 242-0648 – TLX 390
5a. DIVISÃO Rua Sapucaí, 383 – B. Horizonte, MG – Fone 2-5943 – TLX 121 – CGCMF 33.613.332/5
6a. DIVISÃO Praça Cristiano Otoni – Rio, GB – Fones: 243-9331 e 243-2000 – TLX 390 – CGCMF 33.613.332/2
7a. DIVISÃO Estação Barão de Mauá – Rio, GB – Fones: 228-0377 e 228-0235 – TLX 392 – CGCMF 33.613.332/3
8a. DIVISÃO Ed. D. Pedro II, sala 351 – Rio, GB
14a. DIVISÃO Rua Januária, 130 – Belo Horizonte, MG

Extensão das Linhas em km

5ª Divisão Operacional-Centro-Oeste	3.583
6ª Divisão Operacional-Central	1.230
7ª Divisão Operacional-Leopoldina	2.178
8ª Divisão Operacional-Subúrbio do Grande Rio	183
14ª Divisão Operacional-Centro-Norte	1.254
TOTAL	**8.428**

SISTEMA REGIONAL CENTRO-SUL

SUPERINTENDÊNCIA: Praça da Luz nº 1 – Caixa Postal – 8064 – 01120 – São Paulo, SP – Fone: 227-7222 – TLX 389
9a. DIVISÃO Praça da Luz nº 1 – Caixa Postal – 8064 – 01120 – São Paulo, SP – Fone: 227-7222 – TLX 389 – CGCMF 33.613.332/9
10a. DIVISÃO Praça Machado de Melo, S/N – Bauru, SP – Fone: 26817 – Caixa Postal – 129 – C.E.P. 17.100 – CGCMF 33.613.332/8

Extensão das Linhas em km

9a. Divisão Operacional-Santos-Jundiaí	170
10a. Divisão Operacional-Noroeste	1.609
TOTAL	**1.779**

— REDE FERROVIÁRIA FEDERAL S.A.
— ESTRANHAS À RFFSA

SISTEMA REGIONAL SUL

SUPERINTENDÊNCIA: Largo Visc. de Cairu, 17 – 3º andar – Porto Alegre, RS – Fone: 24-1861 – TLX 897 e Sistema ISB: radioteletipo e radiofonia
11a. DIVISÃO Rua João Negrão, 940 – Curitiba, PR – Fone: 26-4277 – TLX 860 e Sistema ISB: radioteletipo e radiofonia – CGCMF 33.613.332/12
12a. DIVISÃO Rua Rui Barbosa, 39 – Tubarão, SC – Fone: 1078 – Radiotelefonia CGCMF 33.613.332/4
13a. DIVISÃO Rua Conceição, 283 s/67 – Edifício Ely – Porto Alegre, RS – Fone: 24-7416 – TLX 897 e Sistema ISB: radioteletipo e radiofonia – CGCMF 33.613.332/14.

Extensão das Linhas em km

1a. Divisão Operacional-Maranhão–Piauí	807
2a. Divisão Operacional-Cearense	1.575
3a. Divisão Operacional-Nordeste	2.618
4a. Divisão Operacional-Leste	2.245
TOTAL	**7.245**

Extensão das Linhas em km

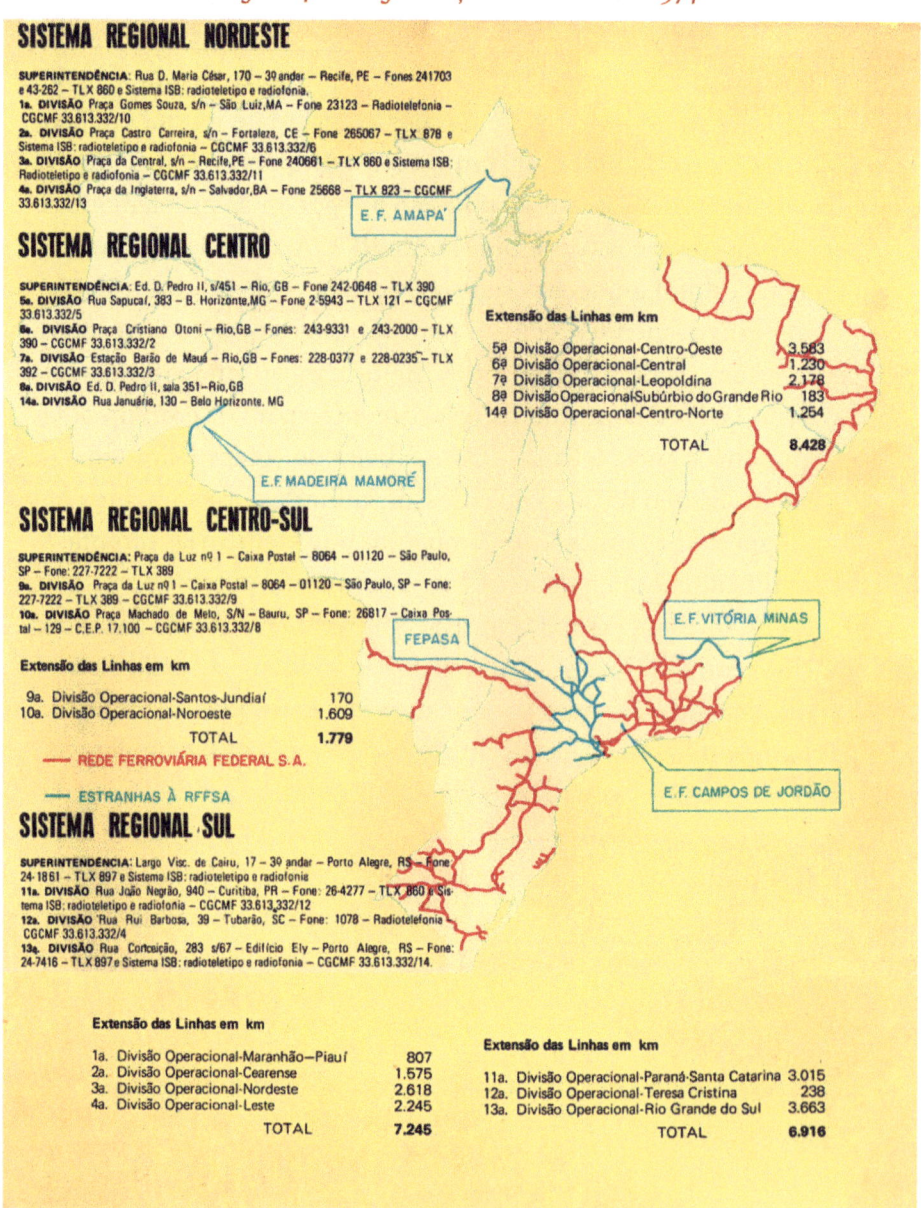

11a. Divisão Operacional-Paraná-Santa Catarina	3.015
12a. Divisão Operacional-Teresa Cristina	238
13a. Divisão Operacional-Rio Grande do Sul	3.663
TOTAL	**6.916**

Fonte: Centro-Oeste (2019).

Figura 5 — Organização da RFFSA em 1991

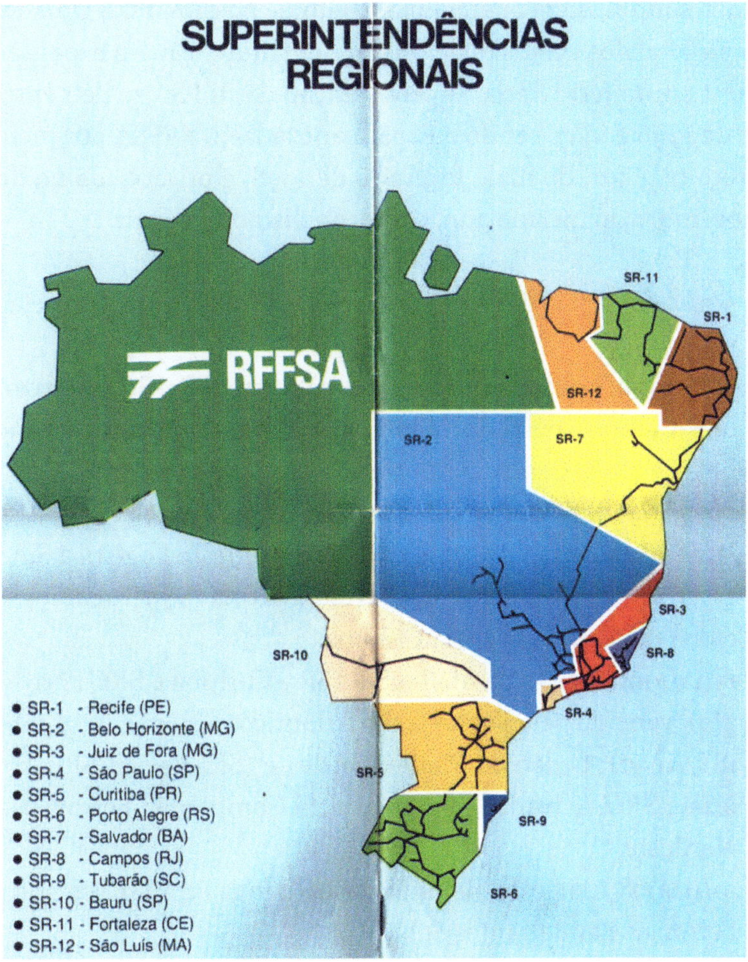
SUPERINTENDÊNCIAS REGIONAIS
RFFSA
SR-11
SR-1
SR-12
SR-2
SR-7
SR-3
SR-10
SR-8
SR-4
SR-5
SR-9
SR-6
• SR-1 - Recife (PE)
• SR-2 - Belo Horizonte (MG)
• SR-3 - Juiz de Fora (MG)
• SR-4 - São Paulo (SP)
• SR-5 - Curitiba (PR)
• SR-6 - Porto Alegre (RS)
• SR-7 - Salvador (BA)
• SR-8 - Campos (RJ)
• SR-9 - Tubarão (SC)
• SR-10 - Bauru (SP)
• SR-11 - Fortaleza (CE)
• SR-12 - São Luís (MA)

Fonte: Centro-Oeste (2019).

Os projetos de consultoria realizados pelas companhias norte-americanas Canadian Pacific Railroad (CPR) e Conrail para a RFFSA e a Fepasa, respectivamente, apresentavam dois modelos possíveis para a privatização das ferrovias: (I) licitação de todas as linhas, individualmente, em um modelo desverticalizado; e (II) licitação das linhas em malhas com garantias monopolistas de controle de malha. Apesar de o primeiro modelo apresentar maior competitividade e eficiência no longo prazo, o segundo foi preferido em razão da maior rentabilidade inicial e simplicidade operacional, além de possibilitar à União uma isenção total dos custos relacionados à manutenção e à expansão da infraestrutura ferroviária. A privatização da RFFSA se deu entre os anos de 1996 e 1997, sendo a Fepasa anexada[37] à RFFSA por meio do Decreto nº 2.502, de 18 de fevereiro de 1998, e privatizada no dia 10 de novembro do mesmo ano, conforme listado a seguir.

- 5/3/1996: Leilão da Malha Oeste (SR10-Bauru), vencido pela Novoeste S.A.
- 14/6/1996: Leilão da Malha Centro-Leste (SR2-Belo Horizonte, SR8-Campos; posteriormente incluída a SR7-Salvador), vencido pela Ferrovia Centro-Atlântica S.A.
- 20/9/1996: Leilão da Malha Sudeste (SR3-Juiz de Fora e SR4-São Paulo), vencido pela Malha Regional Sudeste Logística S.A.
- 26/11/1996: Leilão da Malha Teresa Cristina (SR9-Tubarão), vencido pela Ferrovia Teresa Cristina.
- 13/12/1996: Leilão da Malha Sul (SR5-Curitiba e SR6-Porto Alegre), vencido pela Ferrovia Sul Atlântico.
- 18/7/1997): Leilão da Malha Nordeste (SR1-Recife, SR11-Fortaleza e SR12-Salvador), vencido pela Companhia Ferroviária do Nordeste.
- 10/11/1998: Leilão da Malha Paulista (antiga Fepasa), vencido pela Ferrovias Bandeirantes S.A.

---

37. O projeto original de privatização da Fepasa consistia na realização de duas concessões — uma para os serviços de transporte de carga nas linhas de bitola larga e outra para as de bitola métrica — e de uma Parceria Público-Privada para os serviços de passageiros. Porém, devido a atritos entre o Governo Federal e o Governo de São Paulo referentes à dívida de São Paulo, as estatais Fepasa e Ceagesp foram entregues à União e, com a anexação à RFFSA, o processo de concessão realizado foi o já adotado no restante da malha da rede.

Figura 6 — Sistema ferroviário brasileiro após a privatização da RFFSA

Fonte: ANTF (2011).

Tabela 3 — Reestruturações do sistema ferroviário brasileiro

1957-1969	1969-1975			1975-1998		1998--presente
Estradas de ferro	Divisões	Sistemas regionais	Mudanças	Superintendências		Concessões
EFMM	Desativada em 1972					
EFB	Desativada em 1964					
EFSLT	1ª Divisão Maranhão--Piauí	Sistema Regional Nordeste		SR1-Recife	SR12--São Luís	Malha Nordeste
EFCP	2ª Divisão Cearense				SR11--Fortaleza	
RVC / RVC						
RFN	3ª Divisão Nordeste				SR1--Recife	
VFFLB	4ª Divisão Leste	Sistema Regional Centro	EFBM desativada em 1966	SR2-Belo Horizonte	SR7--Salvador	Malha Centro--Leste
EFBM / VFCO (1965)	5ª Divisão Centro--Oeste				SR2-Belo Horizonte	
RMV						
EFG						
EFCB	6ª Divisão Central		14ª Divisão Centro--Norte			Malha Sudeste
			8ª Divisão Subúrbios do Grande Rio	SR3-Rio de Janeiro	SR3-Juiz de Fora	Malha Centro--Leste
EFL	7ª Divisão Leopoldina				SR8--Campos de Goytacazes	
EFSJ	9ª Divisão Santos--Jundiaí	Sistema Regional Centro--Sul		SR4-São Paulo	SR4-São Paulo	Malha Sudeste
EFNOB	10ª Divisão Noroeste				SR10-Bauru	Malha Oeste

→ RVPSC	11ª Divisão Santa Catarina	Sistema Regional Sul		SR5-Curitiba	SR5-Curitiba	Malha Sul
EFSC	Desativada em 1971					
EFDTC	12ª Divisão Teresa Cristina			SR6-Porto Alegre	SR9-Tubarão	Malha Teresa Cristina
VFRGS	13ª Divisão Rio Grande do Sul				SR6-Porto Alegre	Malha Sul

Fonte: Centro-Oeste, 1993.

Após a realização dos leilões, o processo de liquidação da RFFSA começou por meio da Lei nº 3.277, de 7 de dezembro de 1999; e sua extinção se deu no dia 31 de maio de 2007, por meio da Lei nº 11.483. Em 1997, foi privatizada a CVRD e a ela outorgadas sob condições especiais a E. F. Carajás e a E. F. Vitória a Minas, em razão de a mineradora já ser proprietária dessas ferrovias e da forte dependência delas para a realização de suas atividades. Por fim, foi criada a ANTT no dia 7 de junho de 2001, com o objetivo de regular as atividades de exploração da infraestrutura rodoviária e ferroviária.

Os contratos de concessões possuíam pouca clareza quanto a investimentos, manutenção, transferência ou relicitação de ramais que não fossem de interesse das concessionárias. Dessa forma, apesar dos fortes aumentos no volume de mercadorias e das reduções nas taxas de acidentes, a dinâmica de mercado não sofreu alterações — os monopólios estatais foram apenas substituídos por oligopólio privado. No longo prazo, o processo mostrou-se repleto de falhas, conforme demonstrado pela CNI (2018) a seguir:

> A despeito dos avanços econômicos do modal ferroviário nos primeiros quinze anos de concessão, é possível constatar distorções, exemplificadas pela baixa concorrência, pelo abandono e ociosidade de diversos trechos e pela falta

de integração entre as malhas ferroviárias; bem como baixo interesse das concessionárias em investir no crescimento da rede ferroviária, visto que os principais acionistas delas são clientes embarcadores que possuem pouco ou nenhum interesse na movimentação de mercadorias de terceiros.

A hegemonia das estatais RFFSA e Fepasa foi amplamente sucedida pelas concessionárias dos leilões do final da década de 1990; e os demais empreendimentos realizados no país obtiveram pouco destaque devido à ausência de grandes incentivos para a construção de linhas férreas no Brasil.

Nesse cenário, o projeto de maior destaque foi a Ferronorte (Ferrovias Norte Brasil S.A.), empreendimento do empresário Olacyr Francisco de Moraes,[38] cuja concessão foi obtida em 1989 com um prazo de 90 anos. As obras da ferrovia se iniciaram em 1991, sendo o primeiro trecho aberto ao tráfego em 1998; porém, devido a uma série de complicações, a Ferronorte terminou incorporada à Brasil Ferrovias em 2002, e em 2006 foi assumida pela América Latina Logística S.A. (ALL).

O Governo Estadual do Paraná fundou, em 1988, a Ferroeste (Estrada de Ferro Paraná Oeste S.A.), com o objetivo de desenvolver uma ligação ferroviária entre o litoral e o interior do estado (mais especificamente a região de Foz do Iguaçu), cujos estudos datavam do século XIX. As obras foram iniciadas no dia 15 de março de 1991; em 19 de dezembro de 1994, o primeiro trecho (Guarapuava até Agrária) foi aberto ao tráfego; e, após cerca de quatro anos de obras, em 1995, a ferrovia foi concluída (Guarapuava até Cascavel). Por meio de um leilão

---

38. Olacyr Francisco de Moraes (1º/4/1931-16/6/2017) foi um empresário brasileiro que se tornou conhecido pelo pioneirismo no cultivo da soja na região do Mato Grosso do Sul: aproveitou-se do aumento no preço da commodity, decorrente de uma cheia no rio Mississipi nos Estados Unidos, no ano de 1973. Com o enorme sucesso de seu empreendimento, tornou-se o maior produtor de soja do mundo — o que lhe rendeu o apelido de Rei da Soja —, com mais de 50 mil hectares de plantações desse cereal. De modo a diversificar seus investimentos, também empreendeu na criação de gado, na plantação de cana-de-açúcar, na produção de etanol e em ferrovias.

realizado em 10 de dezembro de 1996, a Ferroeste foi privatizada ao consórcio Ferropar, que assumiu a operação da estrada de ferro no dia 1º de março de 1997, em uma concessão de 30 anos de duração. Entretanto, devido a uma série de descumprimentos nos pagamentos das parcelas do leilão e nos termos contratuais de expansão do parque de tração e da frota de vagões, a concessão foi cassada em 2006, e a operação da Ferroeste retornou ao governo do Paraná. Após mais de uma década de gestão estatal, o governo paranaense novamente cogitou uma nova privatização, visando a atração de novos investimentos na revitalização e expansão da ferrovia para os estados de Santa Catarina e Mato Grosso do Sul. Os principais desafios a serem enfrentados são a baixa lucratividade da ferrovia e o compartilhamento de tráfego com a Rumo Logística, que inclusive manifestou interesse em adquirir as operações da Ferroeste, mas até o final de 2019 o processo permanecia incerto.

Na região Norte do país, foram desenvolvidas outras quatro pequenas ferrovias: E. F. Amapá, E. F. Trombetas, E. F. Jari e E. F. Juruti. Todas foram desenvolvidas como empreendimentos voltados para indústrias locais, sem conexões entre si nem com o restante do sistema ferroviário brasileiro. Devido ao caráter estritamente regional dessas linhas, elas foram desenvolvidas e tratadas de forma muito mais autônoma que as consideradas públicas, podendo ser ampliadas para o reaproveitamento dos ramais atualmente ociosos, como será discutido mais adiante.

A Estrada de Ferro Amapá[39] foi desenvolvida no final da década de 1950 como um empreendimento voltado para a mineração de manganês na Serra do Navio, no Amapá. A ferrovia foi construída pela mineradora Icominas, inaugurada no dia 10 de janeiro de 1957, e operada pela mineradora até o término do contrato de concessão, em 1997. Em 2006, a E. F. Amapá foi licitada ao grupo MMX, que investiu nas operações até 2013, mas perdeu o contrato por caducidade dois anos depois. Devido à falta de recursos e a perspectivas incertas, a ferrovia permanecia desativada até o final de 2019.

---

39. Para mais detalhes sobre a E. F. Amapá, veja: http://www.ferreoclube.com.br/2016/11/29/e-f-amapa.

A E. F. Trombetas[40] foi construída em 1978 pela Mineração Rio do Norte S.A. (subsidiária da Vale) para o transporte da bauxita explorada na Serra de Saracã para a usina de lavagem e para o porto de embarque no rio Trombetas. Por causa do caráter industrial, o Governo Federal concedeu à mineradora a liberdade para a construção, o uso e a exploração da estrada de ferro, conforme as necessidades do empreendimento na região.[41] Suas operações foram iniciadas em agosto de 1979, com cerca de 25 quilômetros de linhas em bitola métrica, gradualmente expandidos para cerca de 35 quilômetros ao longo dos anos, devido ao aumento da mina de bauxita.

Já a E. F. Jari[42] foi construída em 1979 pela Jari Celulose como parte do Projeto Jari (Jari Florestal e Agropecuária), voltada para o transporte de madeira para a fábrica de celulose da empresa nas margens do rio homônimo, na região norte do Pará. Embora seu projeto original previsse cerca de 220 quilômetros de linhas e nove pátios de manobras, a ferrovia foi aberta apenas com 68 quilômetros de extensão e quatro pátios nos terminais de embarque de madeira e da fábrica. Posteriormente, também começou a ser utilizada para o transporte de bauxita refratária, quando o grupo Jari começou a explorar uma jazida do mineral na região.

Por fim, a E. F. Juruti[43] (ou E. F. Alcoa) é a mais recente de todas. A ferrovia foi construída no começo da década de 2000 e inaugurada em 2006 como parte do projeto de mineração de bauxita da Alcoa na localidade de Juruti, no oeste do Pará. Assim como as demais, é uma linha de pequeno porte (50 quilômetros), e conecta uma instalação produtiva (mina) a um porto fluvial local para o transporte de insumos da indústria proprietária.

---

40. Para mais detalhes sobre a E. F. Trombetas, veja: http://vfco.brazilia.jor.br/ferrovias/eftMRN/eft.shtml.
41. Decreto n° 81.889, de 5 de julho de 1978. Para mais detalhes sobre a E. F. Trombetas, ver o *site* disponível em: http://vfco.brazilia.jor.br/ferrovias/eftMRN/eft.shtml. Acesso em: 5 jan. 2020.
42. Para mais detalhes sobre a E. F. Jari, veja: http://vfco.brazilia.jor.br/ferrovias/Jari/Estrada-Ferro-Jari.shtml.
43. Para mais detalhes sobre a E. F. Juruti, veja: http://vfco.brazilia.jor.br/ferrovias/Juruti/EFJuruti.shtml.

Esse modelo de negócios possui um grande potencial de crescimento no restante da malha ferroviária do país, devido à facilidade de replicação em vários ramais atualmente subutilizados ou completamente ociosos dentro das malhas das atuais concessionárias.[44] Porém, seu crescimento depende de maior clareza e de mecanismos de compartilhamento de infraestrutura e transporte de cargas de terceiros (direito de passagem e tráfego mútuo) e de passageiros, como será discutido mais adiante. Na figura a seguir, são mostradas as ferrovias desativadas no estado de São Paulo, e na tabela, as malhas ferroviárias ociosas no Brasil.[45]

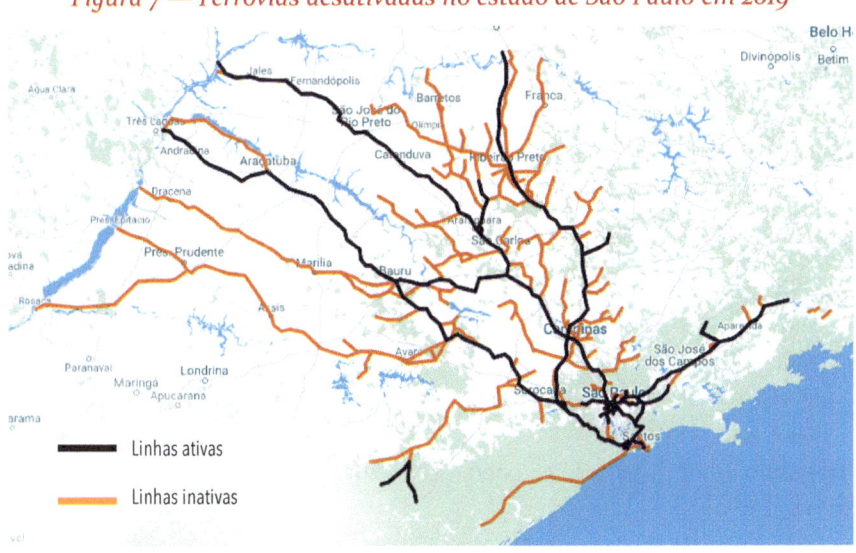

Figura 7 — Ferrovias desativadas no estado de São Paulo em 2019

Fonte: Reddit.

---

44. De acordo com as declarações das próprias concessionárias para a ANTT em 2018. Para mais detalhes, veja: http://www.antt.gov.br/ferrovias/arquivos/Declaracao_de_Rede_2018.html.

45. Os dados apresentados não refletem com precisão a situação real do sistema ferroviário brasileiro devido à inconsistência em relação aos critérios de ociosidade em linhas férreas, e, ainda, devido a conflitos de interesse das concessionárias e da agência reguladora a respeito da divulgação dessas informações. Há diversas linhas férreas pelo país em situação completamente ociosa a despeito do registro de situação ativa e, mesmo dentro das linhas operacionais, ainda há trechos ociosos por causa de gargalos operacionais que impedem a utilização de toda a capacidade ao longo da extensão da ferrovia.

Tabela 4 — Situação da malha ferroviária brasileira em 2019

Concessão	Extensão (km)	Sem tráfego (km)	Subutilizado (km)	Sem tráfego + Subutilizado	Subutilizado (%)
Estrada de Ferro Amapá	193,00	193,00	0,00	193,00	100,00%
Rumo Malha Norte	735,00	0,00	27,27	27,27	3,71%
Rumo Malha Oeste	1.625,40	322,28	1.156,87	1.479,15	91,00%
Rumo Malha Paulista	4.186,00	1.040,02	1.566,64	2.606,66	62,27%
Rumo Malha Sul	6.426,54	2.077,94	1.175,51	3.253,45	50,63%
Ferrovia Centro Atlântica	7.584,00	1.960,23	3.404,44	5.364,67	70,74%
Ferrovia Norte Sul (Tramo Central)	855,80	855,80	0,00	855,80	100,00%
Ferrovia Norte Sul (Tramo Norte)	720,00	0,00	293,50	293,50	40,76%
Ferrovia Teresa Cristina	164,00	0,00	71,95	71,95	43,87%
Ferrovia Transnordestina Logística	4.367,00	3.020,35	201,38	3.221,73	73,77%
MRS Logística	1.674,00	19,29	0,00	19,29	1,15%
Estrada de Ferro Carajás	978,00	0,00	0,00	0,00	0,00%
Estrada de Ferro Vitória a Minas	898,00	16,10	162,68	178,78	19,91%
Ferroeste	248,00	0,00	80,14	80,14	32,31%
Total	30.654,74	9.505,01	8.140,38	17.645,39	57,56%

Fonte: *Revista Ferroviária* (2019).

Tabela 5 — Trechos e ramais subutilizados no Brasil

Linha/Ramal	Extensão (km)	Concessionária
Pradópolis-Barretos	131	Rumo Malha Paulista
Bauru-Tupã	172	Rumo Malha Paulista
Tupã-Adamantina	72	Rumo Malha Paulista
Adamantina-Panorama	155	Rumo Malha Paulista
Ramal de Piracicaba	45	Rumo Malha Paulista
Maringá-Cianorte	92	Rumo Malha Sul
Santo Ângelo-São Luiz Gonzaga	106	Rumo Malha Sul
Santiago-Dilenardo Aguiar	142	Rumo Malha Sul
Entroncamento--Livramento	156	Rumo Malha Sul
Presidente Epitácio--Presidente Prudente	104	Rumo Malha Sul
Morretes-Antonina	16	Rumo Malha Sul
Cabo-Propriá	549	Transnordestina Logística
Ribeirão Preto-Passagem	63	VLI
São Francisco-Propriá	431	VLI
Paripe-Mapele	8	VLI
Ramal de Ladário	5	Rumo Malha Oeste
Santiago-São Borja	160	Rumo Malha Sul
Varginha-Evangelista de Souza	21	Rumo Malha Paulista
Indubrasil-Ponta Porã	304	Rumo Malha Oeste
Barão de Camargos--Lafaiete Bandeira	334	VLI
Cavaru-Ambal	143	VLI
Salgueiro-Jorge Lins	595	Transnordestina Logística
Paula Cavalcante-Macau	479	Transnordestina Logística
Ambal-São Bento	18	VLI

Marquês dos Reis--Jaguariaíva	210	Rumo Malha Sul
Passo Fundo-Cruz Alta	194	Rumo Malha Sul
Mafra-Porto União	242	Rumo Malha Sul
Porto União-Passo Fundo	173	Rumo Malha Sul
São Luiz Gonzaga--Santiago	115	Rumo Malha Sul
Ramal de Cachoeira do Sul	6	Rumo Malha Sul
Biagiópolis-Itaú	165	VLI
General Carneiro-Miguel Burnier	84	VLI
Barretos-Colômbia	54	Rumo Malha Paulista

Fonte: ANTT (2011).

PARTE IV
AS FERROVIAS NORTE-AMERICANAS

A composição de carga da New York & Atlantic Railway, liderada pela locomotiva PR20B, aguarda em um ramal pela passagem do trem de subúrbios da Long Island Railroad na linha principal. (Fotografia tirada por Gregory Grice em 11 de julho de 2018.)

11
AS FERROVIAS NORTE-AMERICANAS

O transporte ferroviário na América do Norte é baseado na verticalização das operações e orientado para o transporte de mercadorias. Juntos, os sistemas ferroviários dos Estados Unidos, do Canadá e do México possuem 396.700 quilômetros de linhas operados majoritariamente por empresas privadas em um regime regulatório que confere ampla liberdade de atuação para a competição intra e intermodal.[46] Consequentemente, os negócios ferroviários na América do Norte destacam-se pela alta competitividade e pela diversidade de serviços e baixos preços para os clientes.

Com 293.500 quilômetros de linhas operados por oito companhias Classe I, 24 ferrovias Classe II e 579 companhias Classe III, os Estados Unidos possuem o mais extenso e movimentado sistema ferroviário do mundo e concentram a maior parte da atividade ferroviária na América do Norte. As ferrovias nos Estados Unidos são reguladas pelo Department of Transportation, cujas agências subordinadas são a FRA (Federal Railroad Administration), responsável pelas normas de segurança; e pela STB, que fiscaliza as tarifas, a construção e desativação de linhas férreas, as fusões, aquisições e vendas entre companhias ferroviárias, e o direito de passagem entre as empresas. A grande maioria das estradas de ferro nos Estados Unidos é dedicada

---

46. Dados de 2018.

ao transporte de mercadorias, ao passo que o transporte de passageiros (que outrora representava uma parcela importante do mercado ferroviário) desempenha um papel bastante limitado pela estatal Amtrak e por algumas shortlines pertencentes aos governos locais.

Já o Canadá, com 77.932 quilômetros de linhas operados por sete companhias ferroviárias Classe I e 53 ferrovias Classe II, possui um mercado ferroviário com uma dinâmica similar à dos Estados Unidos, bem como um desenvolvimento histórico próximo o suficiente para que seja possível contar a história ferroviária de ambos os países de forma conjunta.[47] As ferrovias canadenses são subordinadas ao Ministry of Transportation, e reguladas pelo departamento Transport Canada, responsável pela fiscalização de tarifas e normas de segurança. E da mesma forma que nos Estados Unidos, as ferrovias canadenses também são destinadas ao transporte de cargas, sendo os serviços de passageiros uma atividade secundária exercida pela estatal Via Rail e algumas shortlines.

Dos três países norte-americanos, o México possui o menor sistema ferroviário (com apenas 15.389 quilômetros de extensão) e diverge por ser o único a ter estatizado sua malha ferroviária e não possuir serviços de transporte de passageiros de longa distância. Se por um lado o mercado ferroviário mexicano é o menos desenvolvido da América do Norte, por outro é o mais desenvolvido dos latino-americanos no que se refere competitividade e à atuação das associações da indústria ferroviária. Por fim, as ferrovias mexicanas são subordinadas à Secretaría de Comunicaciones e Transportes (SCT), e eram reguladas por ela até a origem da Agencia Reguladora del Transporte Ferroviario, em 18 de agosto de 2016, criado como um departamento especializado no setor ferroviário com o objetivo de resolução de conflitos entre os usuários e as concessionárias, e entre as concessionárias em si, bem

---

47. Com mais de dois séculos de relações pacíficas, os Estados Unidos e o Canadá possuem a maior parceria comercial e a maior fronteira compartilhada do mundo, o que permitiu uma ampla interoperabilidade entre os mercados ferroviários dos dois países: quatro das seis companhias Classe I estadunidenses atuam no Canadá, e duas das três companhias Classe I canadenses atuam nos Estados Unidos.

como para a fiscalização das normas de segurança da rede ferroviária e para a construção de novas linhas.

Neste capítulo será apresentada a história das ferrovias norte-americanas em quatro tópicos. Os dois primeiros são dedicados às estradas de ferro dos Estados Unidos e do Canadá, desde o surgimento das linhas férreas, passando pelo movimento regulatório, até a posterior cartelização do setor ferroviário no século XX; o terceiro tópico é dedicado ao desenvolvimento do transporte ferroviário no México; e o quarto tópico — "O fenômeno das shortlines" — contempla o forte crescimento dessa categoria de ferrovia na América do Norte após as desregulamentações no final do século XX.

Figura 8 — Companhias ferroviárias norte-americanas Classe I de transporte de cargas

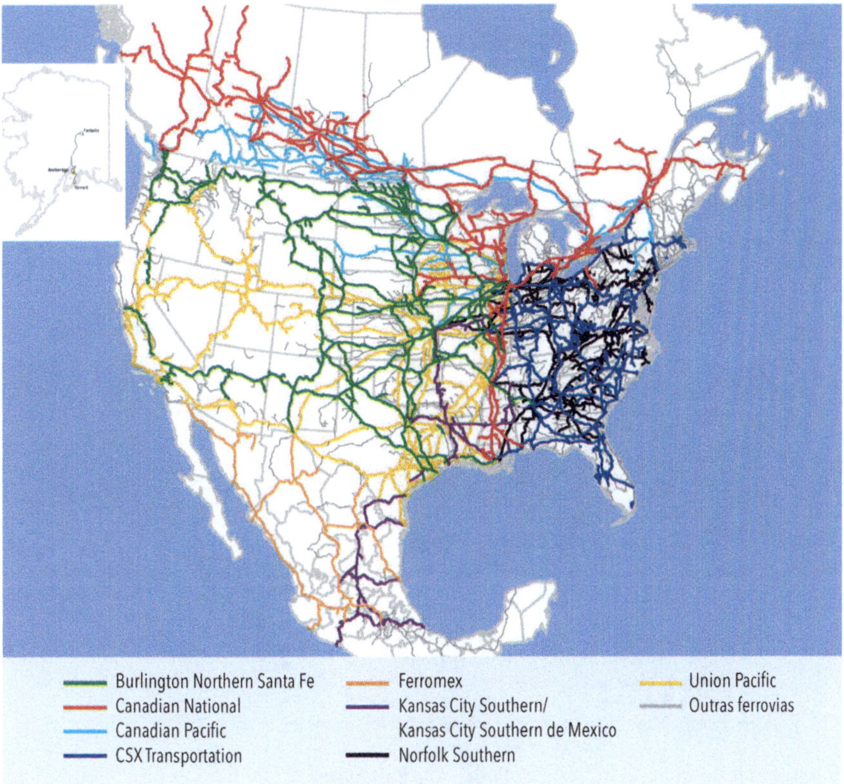

Fonte: AAR (2014).

Figura 9 — Serviços de passageiros de longo curso nos Estados Unidos

Fonte: Amtrak (2018).

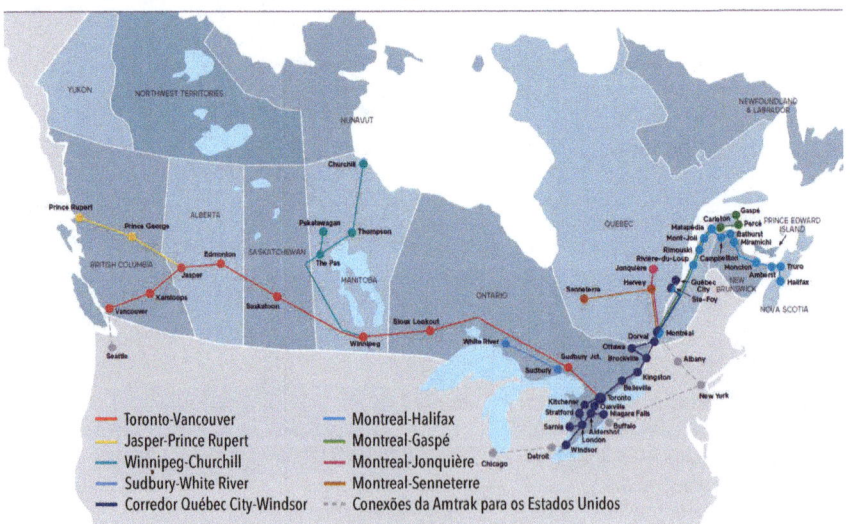

Figura 10 — Serviços de passageiros de longo curso no Canadá

Fonte: Via Rail (2018).

A ERA DOS RAIL BARONS E A ASCENSÃO DO MOVIMENTO ANTITRUSTE

A história ferroviária dos Estados Unidos tem início no dia 12 de fevereiro de 1827, quando foi fundada a Baltimore and Ohio Railroad[48] pela iniciativa de um grupo de 25 comerciantes e banqueiros liderados pelos investidores Philip Thomas e George Brown, com o objetivo de criar uma nova rota comercial para o interior do país e destravar a estagnação econômica da cidade portuária de Baltimore. A construção da estrada de ferro se iniciou no dia 4 de julho do ano seguinte, seguindo os mesmos padrões técnicos das ferrovias britânicas; e o primeiro trecho foi inaugurado no dia 24 de maio de 1830 com uma extensão de 20 quilômetros, ligando a cidade de Baltimore à comunidade de Ellicott City, às margens do rio Patapsco. O objetivo inicial da ferrovia era fornecer serviços de transporte de forma mais rápida que o bem-sucedido, mas lento, canal fluvial de Erie, principal meio de transporte utilizado na época.

Devido ao sucesso da Baltimore and Ohio, surgiram outras ferrovias com o mesmo propósito de concorrer com o transporte fluvial, e o mercado ferroviário encontrou terreno fértil nos estados em que não havia sistemas públicos de canais fluviais. Posteriormente, até mesmo nos estados da Pensilvânia e Nova York, que possuíam sistemas públicos de canais bastante desenvolvidos, a maior eficiência e segurança das estradas de ferro não tardou a vencer a resistência dos grupos de interesse, e esses dois estados logo se tornaram protagonistas no desenvolvimento ferroviário. A indústria ferroviária desempenhou um papel crucial na expansão territorial dos Estados Unidos, conhecida como Marcha para o Oeste, e passou a receber incentivos governamentais por meio do Railroad Land Grant Act, promulgado em 20 de setembro de 1850, no qual o governo realizava cessões parciais de terras mediante o transporte de bens do governo a baixo custo.

---

48. Para mais detalhes sobre a Baltimore and Ohio Railroad, veja o *site* disponível em: https://www.american-rails.com/baltimore-and-ohio.html. Acesso em: 6 jan. 2020.

Já o Canadá presenciou um desenvolvimento ferroviário consideravelmente mais lento: a Champlain and Saint Lawrence Railroad, primeira ferrovia canadense, foi inaugurada em 21 de julho de 1836, ligando as localidades de La Prairie (nas proximidades de Montreal) a Saint Jean, em um percurso de 26 quilômetros de extensão. A segunda estrada de ferro inaugurada no país foi a Albion Mines Railway, inaugurada no dia 19 de setembro de 1839 e dedicada ao transporte de carvão das minas de Albion ao porto de Dunbar, na Nova Escócia. O crescimento da indústria ferroviária somente ganhou impulso com a promulgação do Guarantee Act em 1849, no qual o governo garantia juros de até 6% sobre o capital empregado nas ferrovias que tivessem mais de 75 milhas (120 quilômetros) de extensão.

Dessa forma, tanto os Estados Unidos como o Canadá, a partir da década de 1850, incentivaram a expansão ferroviária com políticas de crédito, que, apesar das boas intenções, não demoraram a apresentar resultados opostos daqueles planejados. A política de subsídios estabelecida pelo Guarantee Act logo mostrou-se desastrosa para as finanças públicas, dada a quantidade de ferrovias antieconômicas que eram construídas graças às garantias de juros. O esvaziamento dos cofres públicos subsequente obrigou os governos provinciais a desenvolver um método de financiamento mais estável e criterioso para a indústria ferroviária. Nos Estados Unidos, a política de crédito iniciada com o Railroad Land Grant Act,[49] com o objetivo de promover a construção das chamadas ferrovias transcontinentais, apresentou resultados igualmente desastrosos: todas as estradas de ferro construídas com base nessa política de incentivos foram à falência na segunda metade do século XIX, com exceção da Great Northern Railroad,[50]

---

49. Foram promulgadas várias outras leis complementares entre 1862 e 1866 com o intuito de financiar as chamadas ferrovias transcontinentais, das quais a principal foi o ato Pacific Railroad Act, promulgado em 1862. Já no Canadá, a construção das ferrovias transcontinentais se deu apenas no final do século XIX, sendo a primeira ferrovia transcontinental canadense inaugurada em 1885. Para mais detalhes, veja os *sites* disponíveis em: https://www.american-rails.com/canadian-pacific-railway.html e https://www.american-rails.com/canadian-national-railway.html. Acessos em: 6 jan. 2020.

50. Para mais detalhes sobre a Great Northern, veja o *site* disponível em: https://www.american-rails.com/great-northern-railway.html. Acesso em: 6 jan. 2020.

construída exclusivamente com fundos privados e que se mostrou a mais bem-sucedida de todas as transcontinentais.

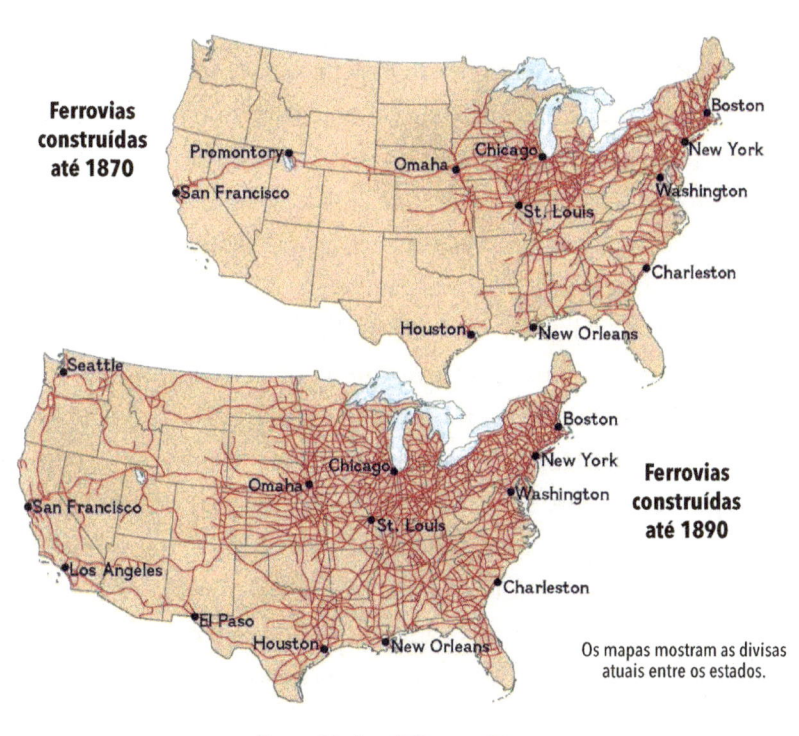

Figura 11 — Expansão ferroviária nos Estados Unidos (1870-1890)

Os mapas mostram as divisas atuais entre os estados.

Fonte: National Geographic.

O crescimento da indústria ferroviária nos Estados Unidos foi freado no período da Guerra de Secessão (1861-1865), durante a qual foram amplamente promovidas a integração e a padronização das malhas de diversas companhias, com o intuito de facilitar o deslocamento de tropas e suprimentos pelo território do país. Após o fim da guerra, a reconstrução ferroviária conferiu à indústria um caráter simbólico de ferramenta de integração nacional.

Na segunda metade do século XIX, a indústria ferroviária estadunidense tornou-se uma das mais competitivas do mundo, de forma que as tarifas caíam uma média duas vezes mais que a média do mercado no período compreendido entre 1865 e 1887. Todavia, o mercado ferroviário logo tornou-se alvo de acusações de práticas monopolistas por grupos de interesse, conforme descrito por Dilorenzo (1985):

> [...] Os agricultores também esperavam garantir a transferência de renda por meio da regulação das tarifas ferroviárias, acusando as companhias ferroviárias de praticar preços monopolistas. Mas a visão de que a indústria ferroviária anterior a 1887 (quando a ICC foi criada) estava se tornando monopolista é pouco precisa, em razão das impressionantes quedas nas tarifas ferroviárias até o período. E o declínio nas tarifas é ainda mais acentuado que a queda média dos preços no período entre 1865 e 1900, então os agricultores ganharam amplos benefícios da competitividade nas ferrovias. Na busca por regulações governamentais dos preços, eles estavam aparentemente buscando garantir tais benefícios além do que um mercado ferroviário competitivo podia oferecer. Por exemplo, as ferrovias deram descontos para clientes de grande volume, como a maioria dos negócios competitivos precisam fazer. É provável que os agricultores de menor escala que não receberam descontos buscaram a regulação para proibir seus concorrentes de recebê-los.

A despeito das constantes quedas de preços nas commodities e diversos insumos utilizados no agronegócio, a associação de agricultores Agricultural Alliance and Wheels era conhecida por suas frequentes denúncias contra trustes, acusando-os de monopolizar o mercado e praticar preços abusivos. Além da regulação das tarifas ferroviárias, visava proteger as pequenas propriedades da concorrência, cujas terras eram chamadas de "gigantes fazendas de trigo". O movimento protecionista que posteriormente ganharia o nome de "antitruste" logo estendeu-se para diversas outras indústrias,[51] nas quais a presença de combinações industriais conhecidas como trustes[52] vinha promovendo uma forte expansão de oferta e de queda de preços.

Não demorou a ganhar apoio da imprensa, que alimentava a noção equivocada de que a riqueza de um grupo de empreendedores bem-sucedidos (os chamados "barões ladrões"[53]) era oriunda da exploração de trabalhadores e da extorsão dos consumidores. No dia 4 de fevereiro de 1887, o Congresso dos Estados Unidos promulgou o ICC Act, por meio do qual foi criada a primeira agência reguladora do mundo, e a indústria ferroviária foi a primeira a ser regulada pelo governo. Posteriormente, essa tendência regulatória se refletiu em todo o mundo, por meio da criação de agências reguladoras e da estatização de ferrovias durante a maior parte do século XX.

CARTELIZAÇÃO, CRISE FERROVIÁRIA E DESREGULAMENTAÇÃO

Seguindo a promulgação do ICC Act em 1887, os adeptos do movimento antitruste conseguiram a aprovação de duas leis de restrição de atuação dos trustes, estendendo o aparato regulatório e protecionista para diversas outras indústrias também acusadas de práticas monopolistas. Com a promulgação do Act for the Prevention and Suppression of Combinations no Canadá, em 2 de maio de 1889, e do Sherman Act nos Estados Unidos, em 2 de julho de 1890, foram criadas as agências antitruste responsáveis pelo impedimento da formação de grandes conglomerados industriais. Posteriormente, a liberdade de mercado

---

51. Conforme descrito por Dilorenzo (1985), as outras principais indústrias acusadas de monopolização eram: aço, açúcar, chumbo, corda, couro, fósforos, juta, licor, óleos de algodão, linhaça, mamona, petróleo, sal, trilhos e zinco. Dessas, merece destaque a produtora de derivados de petróleo Standard Oil, uma das maiores empresas do mundo em sua época, cujos concorrentes acusavam com frequência de práticas monopolistas e abuso de poder de mercado.
52. O termo "truste" é oriundo do termo inglês "trust", de confiança.
53. Tradução do inglês "Robber Barons".

na indústria ferroviária foi paulatinamente eliminada, na medida em que os poderes da ICC foram ampliados por meio de uma série de leis complementares para a regulação ferroviária.

Em 19 de fevereiro de 1903, foi promulgado o Elkins Act, que autorizou a ICC a multar as companhias que praticassem discriminação de preços e os embarcadores que as aceitassem; em 29 de junho de 1906, o Hepburn Act, que conferiu à ICC o poder de fixar as tarifas máximas e o acesso aos livros contábeis das companhias ferroviárias; e, em 18 de junho de 1910, o Mann-Elkins Act, que conferiu à ICC o poder de regular a indústria de telecomunicações da mesma forma que a ferroviária. Já no Canadá, a agência reguladora Transport Canada foi criada apenas em 1935 com a fusão de três departamentos governamentais (Department of Railways and Canals, Department of Marine and Fisheries, e o ramo de aviação civil do Department of National Defense). A agência canadense contava com uma jurisdição fortemente alinhada com a da ICC, e posteriormente também se estendeu para o setor de telecomunicações e os demais modais de transporte. Em ambos os países, as agências reguladoras promoveram uma ampla cartelização do setor de transportes com a eliminação das chamadas guerras tarifárias, o que promoveu, no curto prazo, um aumento da lucratividade e uma redução do risco das companhias ferroviárias (Keeler, 1983).

Durante a Primeira Guerra Mundial (1914-1918), o governo dos Estados Unidos estatizou temporariamente toda a malha ferroviária,[54] eliminando toda a competição no setor. Em 28 de fevereiro de 1920, foi promulgado o Esch-Cummings Act, por meio do qual as ferrovias foram devolvidas à iniciativa privada, e a ICC teve os poderes am-

---

54. Os Estados Unidos entraram na guerra apenas em abril de 1917, e o presidente Woodrow Wilson ordenou, no dia 26 de dezembro do mesmo ano, a criação da United States Railroad Administration. A entidade iniciou suas operações no dia 28 como a maior experiência do país com uma estatização, e ao longo de seus quinze meses de atuação promoveu uma ampla padronização de equipamentos na malha ferroviária e o aparelhamento do sistema para o esforço de guerra. No dia 1º de março de 1918 foi promulgado o Railway Administration Act, que estipulava a devolução das ferrovias dentro de 21 meses após o fim da guerra. A USRA foi extinta e as ferrovias, devolvidas às empresas privadas no dia 1º de março de 1920, pouco mais de três meses após o fim da Primeira Guerra.

pliados, para garantir a lucratividade das companhias ferroviárias, elaborar um plano de consolidação do setor em um número limitado de empresas e restringir a entrada e saída de empresas e a desativação de linhas férreas. No Canadá, o governo promoveu a consolidação das ferrovias pela companhia Canadian National Railways,[55] fundada em 6 de junho de 1919 como uma fusão de diversas companhias privadas falidas e outras já estatizadas, com o objetivo de prover serviços de transporte regulares por todo o país.

O surgimento da competição com o modal rodoviário na década de 1920 levou a ICC a incentivar a fusão de companhias ferroviárias deficitárias com empresas lucrativas, com o intuito de manter a operacionalidade do sistema ferroviário com subsídios cruzados. Porém, a ICC não teve sucesso, em decorrência dos protestos dos executivos de diversas companhias a respeito da obrigatoriedade de arcar com operações deficitárias. A concorrência das empresas de transporte rodoviário foi finalmente barrada com a promulgação do Motor Carrier Act em 9 de agosto de 1935, por meio do qual o transporte de ônibus e caminhões passou a ser regulado pela ICC, da mesma forma que as companhias ferroviárias; cinco anos depois, foi aprovado o Transportation Act de 1940, estendendo a regulação sobre o transporte aquaviário. Todavia, esses modais desfrutavam de regulações mais brandas que o ferroviário, em razão do diferente perfil de transporte; além disso, sobre os caminhões destinados ao transporte de commodities agrícolas não incidia nenhuma regulação.

O processo de cartelização do mercado de transportes atingiu seu auge com a aprovação do Reed-Bulwinkle Act em 1948, por meio do qual foi aprovada a criação de escritórios de representação de transportadoras rodoviárias para o estabelecimento de tarifas.[56] Apesar de esse arranjo regulatório ter mantido o setor de transportes nos Estados Unidos relativamente próspero, a indústria ferroviária começava a mostrar sinais de declínio cada vez maiores. O modal rodoviário vinha

---

55. Para mais detalhes sobre a Canadian National, ver o *site* disponível em: https://www.american-rails.com/canadian-national-railway.html. Acesso em: 6 jan. 2020.
56. Quando aprovadas pela ICC, tais tarifas eram imunes às leis antitruste.

se mostrando um formidável concorrente das ferrovias, especialmente no transporte de bens industrializados; e a concorrência, que a ICC e a Transport Canada mantiveram sob controle entre as décadas de 1920 e 1940, começou a se acentuar após o fim da Segunda Guerra. A partir da década de 1950, as rodovias passaram a comprometer a rentabilidade das companhias ferroviárias.

O processo de desregulação do mercado de transportes teve início nos Estados Unidos com a promulgação do Transportation Act de 1958, por meio do qual foi estabelecida uma liberdade maior de preços, de forma que nenhuma tarifa poderia ser fixada para protecionismo de outro modal de transporte, e flexibilizadas as normas para a supressão de serviços deficitários. No Canadá, a desregulação ocorreu com o National Transportation Act de 1967, que passou a permitir a livre concorrência entre os diversos modais de transporte. A maior liberdade concorrencial, entretanto, acentuou os déficits dos serviços ferroviários de passageiros e de diversos ramais secundários, o que levou ao aumento da pressão da indústria ferroviária pela descontinuidade dos trens de passageiros e pela liberdade de erradicação de ramais deficitários.

As companhias ferroviárias privadas nos Estados Unidos foram finalmente aliviadas[57] da obrigatoriedade de manter diversos serviços de transporte de passageiros com a criação da estatal Amtrak[58] em 1º de maio de 1971; ao passo que no Canadá o governo criou a Via Rail em 1977 por meio de uma separação dos serviços de passageiros da Canadian National.

As maiores complicações surgiram no nordeste dos Estados Unidos na década de 1970: devido às crescentes dificuldades financeiras, a Pennsylvania Railroad fundiu-se com a New York Central em 1967,[59]

---

57. Apesar de as companhias ferroviárias privadas terem incorrido em altos custos financeiros para realizar a transferência dos serviços para a Amtrak, e a estatal não as ter compensado por completo, a medida representou um forte alívio financeiro para as empresas privadas.
58. Para mais detalhes sobre a Amtrak, ver o *site* disponível em: https://www.american-rails.com/amtrak.html. Acesso em: 6 jan. 2020.
59. A fusão da Pennsylvania Railroad com a New York Central foi surpreendentemente aprovada pela ICC em 1º de fevereiro de 1968, e a Penn Central nasceu como uma empresa praticamente monopolista no nordeste dos Estados Unidos, visto que

formando a Penn Central Railroad; mas, em apenas três anos (21 de junho de 1970), a nova empresa foi à falência, levando consigo outras seis companhias ferroviárias que atuavam na região.⁶⁰ A dificuldade de coordenação entre os executivos das duas companhias que haviam sido rivais por mais de um século — às quais foi incorporada em 1969 a falida New Haven⁶¹ — levou a Penn Central a sofrer prejuízos superiores a US$ 1 milhão, de forma que, na metade da década, todo o sistema ferroviário da região entraria em colapso caso não recebesse nenhuma ajuda governamental. O resgate do governo chegou com a promulgação do 3R Act (Regional Rail Reorganization Act) em 2 de janeiro de 1974, que autorizava o financiamento para as ferrovias falidas, a criação da companhia ferroviária estatal Conrail⁶² e a instituição da agência United States Railway Association (USRA), com o objetivo de assumir os poderes da ICC referentes a companhias falidas e à desativação de linhas deficitárias.

A criação da Conrail foi oficializada com a aprovação do 4R Act (Railroad Revitalization and Regulatory Reform Act) em 5 de fevereiro de 1976, junto com o financiamento para a aquisição do direito de passagem da Amtrak no Northeast Corridor, além de uma série de medidas de desregulação, referentes à liberdade de fixação e discriminação de tarifas, e de erradicação de ramais deficitários. A nova companhia foi fundada como uma sociedade de economia mista na qual o governo possuía 85% das ações, e iniciou suas operações no dia 1º de abril do mesmo ano, com o objetivo de reestruturar o sistema ferroviário da região, formado por sete companhias falidas que possuíam mais de 30 mil quilômetros de linhas de extensão total.

---

a maioria das outras companhias na região dependiam da Penn Central para a movimentação de suas mercadorias.
60. Tais companhias eram: Ann Harbor Railroad, Erie Lackawanna Railway, Lehigh Valley Railroad, Reading Company, Central Railroad of New Jersey e Lehigh & Hudson River Railway.
61. Para mais detalhes sobre a New Haven Railroad, ver o *site* disponível em: https://www.american-rails.com/new-haven-railroad.html. Acesso em: 7 jan. 2020.
62. Abreviação de Consolidated Rail Corporation. Para mais detalhes sobre a Conrail, ver o *site* disponível em: https://www.american-rails.com/conrail.html. Acesso em: 7 jan. 2020.

Ainda, a Conrail era a primeira companhia a contar com uma relativa liberdade da jurisdição da ICC, sendo praticamente toda a sua atuação supervisionada pelos técnicos da USRA.

A primeira medida tomada pela diretoria da empresa foi a avaliação de quais ramais deveriam ser desativados, sendo revista a solicitação feita pela Penn Central à ICC (que havia sido terminantemente recusada pela agência) durante seus últimos dias de operação, já que 80% das receitas da empresa concentravam-se em apenas um terço de sua malha (que correspondia a cerca de 17,6 mil quilômetros). Na avaliação do diretor McClellan,[63] cerca de 25 mil quilômetros de linhas (quase metade da malha da companhia) precisavam ser imediatamente desativados para estancar os prejuízos da empresa, porém a supressão de ramais deficitários não avançou de forma significativa antes da promulgação do Staggers Act, em 14 de outubro de 1980. O principal legado deixado pela Conrail para a indústria ferroviária estadunidense foi a desregulação: a pressão dos executivos da companhia para o aumento da liberdade de fixação de tarifas e a desativação de ramais deficitários em Washington resultaram na criação da lei que restaurou a liberdade de mercado na indústria ferroviária e representou um divisor de águas nos rumos do setor.

Com a aprovação do Staggers Act, foram flexibilizados os mecanismos de estabelecimento de tarifas,[64] a discriminação de preços e a erradicação de ramais deficitários, encerrando mais de noventa anos de intervencionismo estatal no mercado ferroviário. Pouco tempo depois, a desregulamentação realizada nos Estados Unidos serviu de base para a reforma canadense. Lá, foi aprovado o National Transportation Act em 1987, por meio do qual as restrições burocráticas

---

63. Jim McClellan (10/6/1939-14/10/2016) foi um executivo da Southern Railway escalado para a diretoria da Penn Central para a resolução dos conflitos entre os diretores das finadas Pennsylvania Railroad e New York Central, cujo conflito comprometia o desempenho da Conrail. Com mais de 40 anos de carreira na indústria ferroviária, ele passou pelas companhias Southern Railway, New York Central, Penn Central, Conrail, Amtrak, Norfolk Southern, e pelas agências FRA e USRA.
64. As companhias ferroviárias poderiam estabelecer qualquer preço para os serviços, a menos que a ICC determinasse que não havia competição no serviço em questão.

foram amplamente removidas com o objetivo de reduzir a defasagem[65] em que as companhias ferroviárias canadenses se encontravam em relação ao mercado estadunidense, desvantagem, aliás, decorrente da menor liberdade nos processos de realização de contratos, na fixação de tarifas e na supressão de serviços e ramais deficitários.

Entretanto, o mecanismo estabelecido pela legislação de 1987 apresentava diversas falhas, das quais as companhias ferroviárias se aproveitavam para realizar a desativação direta de ramais deficitários em detrimento do processo de venda. Em 1996, foi promulgado o Canadian Transportation Act, no qual se estabeleceu um mecanismo mais claro de desativação de ramais[66] e eliminaram-se os resíduos regulatórios sobre o transporte rodoviário e de commodities.

Com a erradicação de outros 7 mil quilômetros de linhas, a aquisição de novos equipamentos, a transferência dos serviços de subúrbio[67] e a redução de custos trabalhistas, a Conrail fechou suas contas pela primeira vez no ano de 1981. Não demorou para que as mesmas medidas e resultados fossem difundidos nas demais companhias do país, de forma que, em 1985, a produtividade no mercado como um todo já havia aumentado em cerca de 25%.

Finalmente, a Conrail foi vendida em 1998 para as companhias CSX Transportation e Norfolk Southern, que adquiriram 42% e 58% dos ativos,[68] respectivamente, e a companhia passou a existir somente

---

65. As companhias e os embarcadores nos Estados Unidos poderiam estabelecer contratos livremente, sem a necessidade de revisão da ICC, a menos que o contrato interferisse na capacidade da companhia de prestar serviços de transporte ferroviário para a sociedade em geral.
66. No Canadá, uma companhia ferroviária que pretenda desativar um ramal deve oferecê-lo, primeiramente, no mercado para potenciais compradores e, posteriormente, ao Governo Federal e aos governos provinciais e municipais; apenas em caso de não haver nenhum adquirente do setor público ou privado, a linha em questão poderá ser desativada.
67. Na primeira metade da década de 1980, a Conrail transferiu seus serviços de subúrbio de Boston, Connecticut, New Jersey, Filadélfia, Maryland e Pensilvânia para as companhias MBTA, Metro-North Railroad, New Jersey Transit, SEPTA Regional Rail, MARC Train e PennDOT, respectivamente.
68. Em 1998, a Conrail possuía apenas 20 mil quilômetros de linhas, e a divisão da malha foi orientada segundo as duas principais companhias formadoras da Penn Cen-

como uma gestora de infraestrutura ferroviária proprietária das malhas operadas pelas duas outras empresas.

O processo de reestruturação ferroviária deixou cerca de 100 mil quilômetros de linhas desativadas nos Estados Unidos e 28 mil quilômetros de linhas no Canadá, que receberam os mais variados destinos, desde a aquisição pelas shortlines até a transformação em trilhas e pontos turísticos. A desregulamentação ferroviária na América do Norte finalmente se encerrou com a privatização da Canadian National em 1995, visando à reestruturação da gestão da companhia e ao aumento da produtividade. Com isso, os governos tanto dos Estados Unidos quanto do Canadá ficaram apenas com as companhias de transporte de passageiros Amtrak e VIA Rail.

Figura 12 — Performance das ferrovias nos Estados Unidos após o Staggers Act

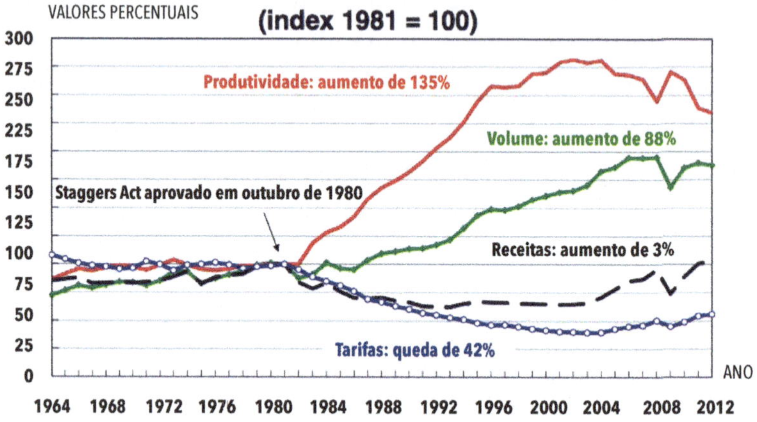

Fonte: AAR (2014).

tral: a maioria das linhas pertencentes à Pennsylvania Railroad foi repassada à Norfolk Southern, ao passo que as pertencentes à New York Central foram repassadas à CSX.

Figura 13 — Lucratividade das ferrovias nos Estados Unidos

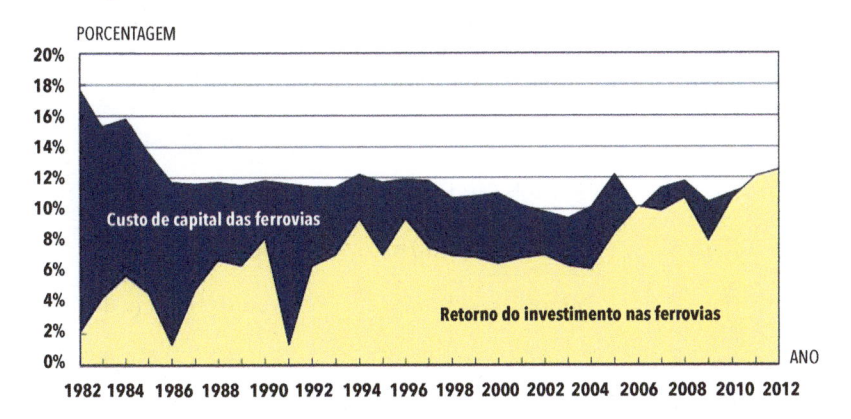

Fonte: AAR (2014).

Tabela 6 — Atuação das companhias Classe I norte-americanas

Companhia	Atuação			Shortlines parceiras
	Estados Unidos	Canadá	México	
Amtrak	Sim	Sim	Não	-
BNSF	Sim	Sim	Não	210
Canadian National	Sim	Sim	Não	122
Canadian Pacific Railway	Sim	Sim	Não	91
CSX Transportation	Sim	Sim	Não	227
Ferromex	Não	Não	Sim	-
Kansas City Southern	Sim	Não	Sim	54
Norfolk Southern Railway	Sim	Sim	Não	263
Union Pacific Railroad	Sim	Não	Sim	191
VIA Rail	Não	Sim	Não	-

Fonte: Acervo próprio.

Tabela 7 — Classificação de vias férreas nos Estados Unidos

Classificação	Carga	Passageiros
Excepted	10 mph (16 km/h)	Não permitido
Class 1	10 mph (16 km/h)	15 mph (24 km/h)
Class 2	25 mph (40 km/h)	30 mph (48 km/h)
Class 3	40 mph (64 km/h)	60 mph (96 km/h)
Class 4	60 mph (96 km/h)	80 mph (128 km/h)
Class 5	80 mph (128 km/h)	90 mph (145 km/h)
Class 6	110 mph (177 km/h)	
Class 7	125 mph (201 km/h)	
Class 8	160 mph (257 km/h)	
Class 9	220 mph (354 km/h)	

Fonte: FRA (2019).

Tabela 8 — Classificação de vias férreas no Canadá

Classificação	Carga	Passageiros
Excepted	10 mph (16 km/h)	Não permitido
Class 1	10 mph (16 km/h)	15 mph (24 km/h)
Class 2	25 mph (40 km/h)	30 mph (48 km/h)
Class 3	40 mph (64 km/h)	60 mph (96 km/h)
Class 4	60 mph (96 km/h)	80 mph (128 km/h)
Class 5	80 mph (128 km/h)	90 mph (145 km/h)
Class 6	110 mph (177 km/h)	

Fonte: Transport Canada (2019).

AS FERROVIAS MEXICANAS

A primeira tentativa de desenvolvimento de uma ferrovia no México data de 1837, quando o governo criou uma concessão para a construção de uma linha que ligasse a Cidade do México a Veracruz; porém, nenhuma obra foi construída sob tal contrato. Duas décadas depois, o empresário Antonio Escandón obteve autorização governamental para a construção de uma estrada de ferro ligando as duas cidades, mas, devido às agitações políticas da época,[69] o empreendimento foi assumido pelo governo em 1864 e inaugurado apenas em 1º de janeiro de 1873. Da mesma forma que nos Estados Unidos e no Canadá, o governo mexicano também incentivou a expansão ferroviária com subsídios, o que fez a malha ferroviária do país saltar dos 691 quilômetros de 1876 para cerca de 24 mil quilômetros de linhas em 1911 (Hardy, 1934).

O crescente fervor nacionalista durante o segundo governo de Porfirio Díaz[70] (1884-1911) levou à progressiva estatização das ferrovias, e em 1903 foi criada a companhia estatal Ferrocarriles Nacionales de Mexico, com o objetivo de gerir as principais estradas de ferro do país. O sistema ferroviário mexicano sofreu uma forte deterioração durante o período da Revolução Mexicana (1910-1920), o que levou à estatização de todas as companhias ferroviárias entre 1929 e 1937, e em 1987 o governo reuniu todas as estatais na FNM.[71] A unificação das estatais, entretanto, pouco contribuiu para mudar a precária condição dos ser-

---

69. Após a proclamação da independência em 1821, o México enfrentou um período de forte instabilidade política marcado por diversos golpes de Estado, intervenções militares de outros países e conflitos armados internos entre as facções que disputavam o poder, que só seria encerrado por Porfirio Díaz no final do século XIX.
70. Porfirio Díaz (1830-1915) foi um militar e político mexicano que assumiu a presidência do país de 1876 a 1880 e, posteriormente, de 1884 a 1911. Seu segundo mandato de 35 anos ficou conhecido como Porfiriato, e foi marcado por uma forte expansão ferroviária (mais de 19 mil quilômetros de linhas foram construídos durante esse período) e pelo aumento da dependência ao capital estrangeiro. O movimento nacionalista em prol da estatização das ferrovias surgiu entre setores contrários ao governo, e foi acelerado após a renúncia de Díaz em maio de 1911.
71. Foram reunidas à FNM as companhias Ferrocarril de Pacifico, Ferrocarril de Chihuahua al Pacifico, Ferrocarril Sonora-Baja California, Ferrocarril Coahuila y Zacatecas, Ferrocarril Interoceánico de Mexico e Ferrocarriles Unidos de Yucatán.

viços ferroviários:[72] nos últimos anos de gestão estatal, a participação das ferrovias no mercado de transporte caiu pela metade (9% no início da década de 1990, em contraste com os 18% da década anterior), e os déficits operacionais ultrapassaram os US$ 500 milhões anuais.

Em 1995, o governo mexicano anunciou a privatização da FNM, que contemplaria uma divisão da malha da estatal em quatro sistemas principais: três troncos regionais com conexões às ferrovias estadunidenses mais a malha da região da Cidade do México. O processo de reestruturação ferroviária contemplou a absorção do passivo da companhia visando à transferência das operações às concessionárias sem dívidas, à supressão dos serviços de passageiros de longo percurso e, finalmente, à etapa dos leilões das linhas a serem concessionadas. A divisão foi estruturada com o objetivo de competição tanto intermodal como intramodal, permitindo que pelo menos duas concessionárias tivessem acesso aos portos dos oceanos Atlântico e Pacífico, bem como as integrações ferroviárias com os Estados Unidos. Por fim, as shortlines foram concessionadas de forma separada e com prazos de concessão de 30 anos, em contraste com os 50 anos das malhas principais.

A concessão do corredor nordeste foi adquirida em 1996 pela Transportación Ferroviaria Mexicana,[73] formada por uma *joint venture* entre a companhia ferroviária estadunidense Kansas City Southern (KCS) e a Transportación Maritima Mexicana; e tem como principais ligações a Cidade do México, a cidade de Monterrey, o porto de Lázaro Cárdenas no oceano Pacífico e o cruzamento de fronteira com os Estados Unidos em Laredo. Em 1998, o corredor noroeste foi adquirido pela Ferromex, *joint venture* entre o Grupo Mexico e a companhia ferroviária Union Pacific, que liga a Cidade do México e a cidade de Guadalajara ao porto de Manzanillo no oceano Pacífico, além de possuir diversas ligações com os Estados Unidos. Finalmente, as duas malhas do sul do país foram adquiridas em 29 de junho de 1998 pela Ferrocarril de

---

72. Segundo Perkins (2016), eram frequentes os casos de corrupção na FNM.
73. Em 2005, a KCS adquiriu a participação da Transportación Maritima Mexicana e renomeou a companhia ferroviária para Kansas City Southern de Mexico.

Sureste,[74] cuja principal linha é a ligação entre a Cidade do México e a cidade de Veracruz, localizada no golfo do México.

Entre as shortlines mexicanas, a de maior destaque é a Ferrovalle (Ferrocarril y Terminal del Valle de Mexico), responsável pela movimentação de mercadorias na região da Cidade do México e cuja operação é feita conjuntamente pelas três maiores concessionárias e o governo mexicano, sendo cada um proprietário de 25% das ações. Já as demais (Línea Corta, Baja California, CG Railway, Ferrocarril Transístmico e Ferrocarril Chiapas-Mayab) foram adquiridas por outras indústrias e possuem uma dinâmica similar à dos Estados Unidos e à do Canadá, baseada em movimentação de mercadorias de particulares e alimentação do tráfego das linhas tronco das companhias Classe I.

O processo de reestruturação ferroviária no México resultou na desativação de cerca de 9 mil quilômetros de linhas. Embora a privatização tenha trazido melhorias significativas nas operações dos principais corredores ferroviários do país, a participação das ferrovias de pequena abrangência e baixa densidade ainda se mostra bastante limitada, em decorrência da forte concorrência com o modal rodoviário e da limitação à entrada de novas empresas por meio da aquisição de ramais desativados pelas concessionárias.

---

74. Renomeada Ferrosur no final de 1999.

Figura 14 — Sistema ferroviário mexicano

Fonte: Capital Mexico.

Figura 15 — Direito de passagem e compartilhamento de infraestrutura no México

Fonte: Wikiwand.

O FENÔMENO DAS SHORTLINES

Nos anos seguintes à promulgação do Staggers Act, ocorreu nos Estados Unidos uma ampla onda de fusões e aquisições entre as companhias ferroviárias Classe I: das cerca de 40 companhias presentes em 1980, restaram apenas 32 em 1982. Posteriormente, nove foram rebaixadas para Classe II ou III, devido às mudanças nos critérios de classificação, duas foram à falência, e as outras 19 fundiram-se em sete companhias na década de 1990. A onda de fusões entre companhias intensificou o processo de venda e de desativação de ramais, visto que diversas linhas se tornaram redundantes depois da união de malhas, pois muitas possuíam ramais para as mesmas localidades. Assim, as companhias ferroviárias Classe I direcionaram seus negócios para as operações de alta densidade, utilizando composições intermodais ou unitárias de médio e grande porte e em altas velocidades de tráfego; assim, diversos serviços para clientes menores foram descontinuados por serem considerados pouco lucrativos para as companhias.

Esse cenário atraiu muitos investidores para o mercado ferroviário, que, com menores restrições trabalhistas e operações mais simples, revitalizaram muitas linhas de baixa densidade dadas como perdidas nos anos anteriores à desregulamentação ferroviária. Nas quatro décadas posteriores ao Staggers Act, o número de shortlines nos Estados Unidos saltou de 220 (1980) para 603 (2019), e no Canadá,[75] de 12 (1996) para 53 (2019); juntas, essas companhias revitalizaram mais de 60 mil quilômetros de linhas, geraram cerca de 20 mil empregos, e contribuíram com a movimentação de 20% dos vagões e 30% das mercadorias do sistema ferroviário.[76] Além de prover acesso à primeira/última milha de diversos fluxos de mercadorias,[77] as shortlines são,

---

75. Em contraste com os Estados Unidos, o Canadá não presenciou nenhuma consolidação no segmento da Classe I, tendo as companhias Canadian National e Canadian Pacific permanecido como as duas principais, e as demais (BNSF, NS e CSX) ficaram com uma participação bastante limitada, com apenas alguns ramais.
76. Dados dos Estados Unidos e Canadá fornecidos por ALSRRA e RAC em 2019.
77. De acordo com ASLRRA (2019), 9% das mercadorias movimentadas pelas shortlines trafegam dentro da mesma ferrovia, 33% são originadas em uma shortline e en-

em muitos casos, a única forma de acesso ao sistema ferroviário que várias indústrias possuem, e, com uma administração próxima dos clientes e comunidades locais, apresentam uma notável agilização no processo de tomada de decisão e certa capacidade de criar valor em linhas onde frequentemente as companhias Classe I perdiam dinheiro — prova de que o mercado ferroviário não precisa de planejadores centrais incumbidos de desenvolver um sistema integrado.

O florescimento dessas pequenas ferrovias em linhas desmembradas das grandes companhias ferroviárias foi de notória relevância para estancar o abandono ferroviário nos Estados Unidos e no Canadá no final do século XX,[78] porém, no México, desempenharam um papel bastante limitado por causa da ausência de mecanismos adequados para a sua viabilização. Como muitos dos clientes são embarcadores de volumes modestos de mercadorias, os negócios exigem dos administradores das shortlines maior agressividade na competição em comparação com as companhias Classe I para conquistar e manter clientes em situações nas quais nem sempre o modal ferroviário é o mais favorecido.[79] Além de indústrias que investem nos negócios ferroviários visando verticalizar suas atividades, é comum encontrar no mercado diversos conglomerados especializados na gestão de serviços de infraestrutura e até empreendedores que entram no mercado simplesmente por gostar de ferrovias e ver nas shortlines uma oportunidade de enriquecer, como descrito pela então presidente da ASLRRA Linda Darr (2017):[80]

> Muitas pessoas têm uma paixão pelas ferrovias — isso não é apenas um negócio para elas, elas realmente gostam e vão

---

viadas para o destino final por outro modal de transporte, 48% são transferidas de uma companhia Classe I para uma shortline para chegar ao destino final, e 10% são movidas entre companhias Classe I pelas shortlines.

78. Cerca de um terço das linhas abandonadas pelas companhias Classe I foi aproveitado por shortlines nos Estados Unidos e no Canadá.

79. A maioria das shortlines atua fora das condições mencionadas anteriormente nas quais o modal ferroviário mostra-se mais competitivo.

80. Tradução livre de entrevista feita para o *International Rail Journal*. Para acesso ao artigo completo, ver o *site* disponível em: https://www.railjournal.com/in_depth/americas-short-lines-play-the-long-game/. Acesso em: 7 jan. 2020.

atrás [...]. Essa indústria tem estado em alta desde os anos 1980. A oportunidade apareceu, nosso pessoal é empreendedor, ágil e determinado e simplesmente sai de casa e vai atrás dos negócios. Eles caçam todas as oportunidades e são muito focados nos clientes. Os empreendedores das shortlines são dispostos a pôr as mãos na massa, vivem nas comunidades que servem e conhecem seus clientes. Esse também é um setor que não tem medo de tentar coisas novas, não é avesso ao risco e está disposto a investir.

Conectando diversas comunidades rurais e cidades pequenas ao moderno sistema ferroviário norte-americano, as shortlines permanecem como um retrato de como as atividades ferroviárias[81] eram realizadas nos chamados anos de ouro do transporte ferroviário. Mesmo sendo livres das diversas restrições corporativas das companhias Classe I, as operações ferroviárias das shortlines não são menos capital intensivas: conforme analisado por ASLRRA (2019), as companhias Classe II e Classe III reinvestem cerca de 25% da receita em equipamentos ferroviários e manutenção — a proporção mais alta de toda a economia. Consequentemente, a forte necessidade de capital das shortlines para a realização de suas operações é o principal tema de discussão e de pesquisas das associações da indústria ferroviária, visto que essas empresas exigem mais recursos e possuem maior dificuldade para a obtenção de crédito do que as companhias Classe I.

Logo, a viabilização de financiamento para shortlines é um fator crítico para o desempenho do setor, visto que mais de um terço das empresas encontra-se em condições pouco favoráveis à obtenção de crédito bancário; e, caso o financiamento a essas ferrovias não pudesse ser viabilizado, os benefícios da reestruturação do setor ferroviário promovidos pelo Staggers Act e pelo Canadian Transportation Act seriam perdidos, visto que as shortlines teriam de encerrar as operações.

---

81. Para mais detalhes sobre o funcionamento das shortlines nos Estados Unidos, ver o *site* disponível em: https://www.american-rails.com/shortlines.html. Acesso em: 7 jan. 2020.

Conforme observado pela AAR (2012), 27 holdings[82] controlavam cerca de 270 shortlines; companhias Classe I controlavam 11; governos locais (estados e municípios) controlavam 26; indústrias embarcadoras controlavam 55; e as restantes (cerca de 200 companhias) possuíam proprietários independentes. Segundo a FRA (2012), tal consolidação do segmento ocorrida na década de 2000 contribuiu para uma considerável redução da necessidade de financiamento e preocupação do setor público para grande parte das shortlines, visto que a aglomeração de diversas companhias em holdings especializadas promoveu uma redução no risco dessas ferrovias e um aumento da expectativa dos credores com o desempenho delas.

De acordo com Due et al. (2002) e Babcock et al. (2019), o maior desafio das shortlines é a adequação da via permanente para garantir a compatibilidade operacional com as companhias Classe I, como ocorreu entre o final da década de 1990 e o início da década de 2000, com a colocação em circulação de vagões de 286 mil libras (130 toneladas) — 8% mais pesados que os mais antigos, de 263 mil libras (118 toneladas). A dificuldade de adequação de via permanente é agravada pelo fato de que muitas shortlines atuam reaproveitando linhas abandonadas que passaram anos com pouca ou nenhuma manutenção, e o reparo dos prejuízos inevitavelmente exige planejamento e financiamento de longo prazo.

Outro tema importante para o setor é a mudança no perfil de transportes na indústria ferroviária: nas décadas de 2000 e 2010 ocorreu uma significativa queda nas movimentações de carvão e um notório aumento no transporte de cargas gerais, o que provavelmente implicará crescentes aumentos de custos operacionais para as ferrovias regionais e locais, dado que o manuseio de mercadorias em serviços intermodais geralmente é mais caro que o de produtos não unitizados.

Representadas pela ASLRRA, as ferrovias regionais e locais também pressionam o governo para a redução de impostos e o afrouxamento de

---

82. De acordo com ASLRRA (2017), uma holding é definida como uma empresa que possua, no mínimo, quatro ferrovias.

legislações trabalhistas, visto que o aumento da necessidade de mão de obra e de equipamentos nos próximos anos poderá tornar muitas shortlines inviáveis; e para o financiamento público,[83] com o intuito de revitalizar trilhos abandonados e construir linhas novas, visto que, nos Estados Unidos e Canadá, as companhias ferroviárias competem com uma indústria rodoviária fortemente subsidiada.[84] Ainda, as associações realizam inúmeros eventos e pesquisas em parceria com as companhias Classe I e os embarcadores visando desenvolver pesquisas, parcerias e sincronizar os interesses dos inúmeros agentes envolvidos na indústria ferroviária e garantir o funcionamento das ferrovias regionais e locais de forma sustentável.

Mesmo com as diversas dificuldades enfrentadas nas três décadas de desregulamentação ferroviária, a indústria das shortlines tem se mostrado resiliente e capaz de se adaptar às constantes transformações do mercado de uma forma muito mais eficiente do que conseguiria sob as pesadas regulamentações e planejamento centralizado da ICC nos anos anteriores à abertura de mercado do último quartil do século XX.

---

83. Programa 45G.
84. De acordo com Lucas (2018), o Brasil possui cerca de 10% das rodovias operadas por empresas privadas por meio de concessões, em contraste com o valor de 0,1% dos países norte-americanos.

Figura 16 — Mapa das shortlines nos Estados Unidos

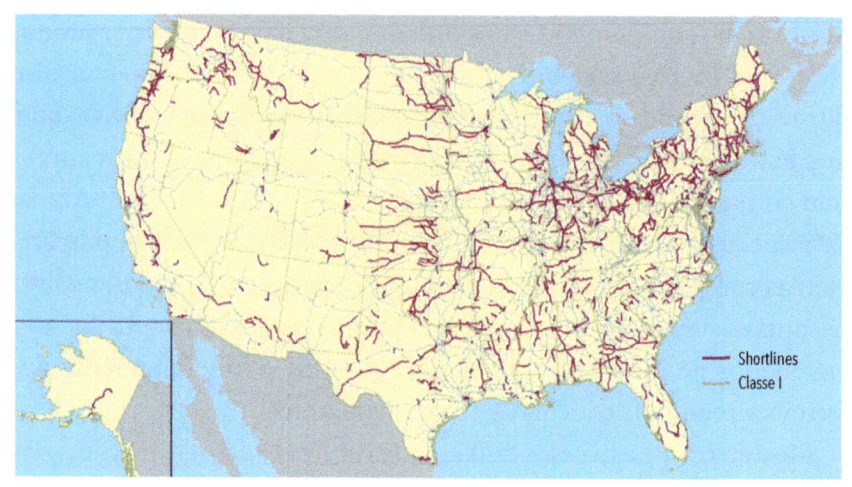

Fonte: ASLRRA (2019).

Figura 17 — Mapa das shortlines no Canadá

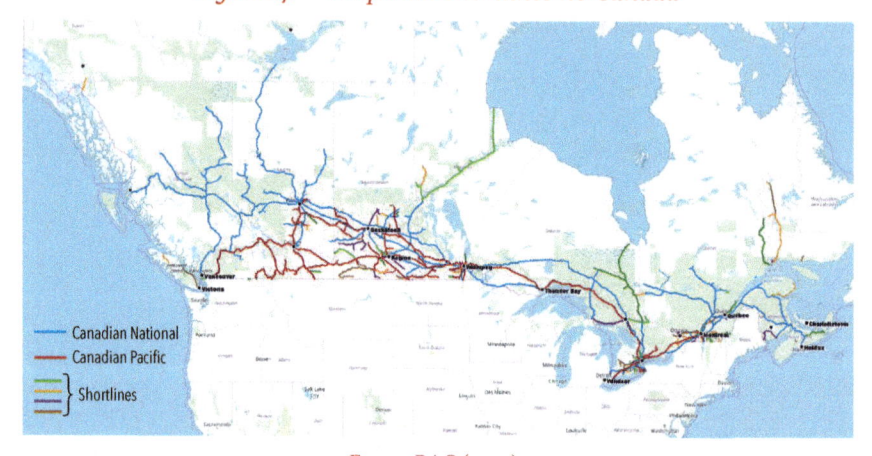

Fonte: RAC (2019).

Observação: As linhas em vermelho e azul representam a malha das companhias Classe I Canadian Pacific e Canadian National.

PARTE V
CONCLUSÕES

Construída na década de 1920 para facilitar o transporte de passageiros e equipamentos para a cidade de Campos do Jordão (na época um dos principais centros do país para tratamento de doenças como a tuberculose), a Estrada de Ferro Campos do Jordão atualmente sobrevive como uma ferrovia turística. Na imagem, a locomotiva a vapor nº 4 se prepara nas oficinas de Capivari, na cidade de Campos do Jordão, para o serviço com um carro de madeira. (Fotografia tirada por João Rodrigues em 4 de maio de 2002.)

12
ANÁLISE COMPARATIVA DOS MERCADOS FERROVIÁRIOS

Concluída a observação da história do desenvolvimento da indústria ferroviária nos quatro países selecionados, é possível analisar as semelhanças e diferenças entre os sistemas ferroviários em questão. Neste capítulo, então, serão analisados os mecanismos regulatórios adotados pelos governos e seus impactos na dinâmica do mercado ferroviário, principalmente nos campos de direitos de propriedade e de liberdade de atuação das empresas no setor. Dessa forma, espera-se desenvolver o cenário, ajudando a mapear os obstáculos ao desenvolvimento das shortlines no Brasil e, posteriormente, a elaborar propostas de viabilização de ferrovias regionais no mercado brasileiro.

A primeira característica de destaque é a forma de exploração do transporte ferroviário. Nos Estados Unidos e no Canadá, a indústria ferroviária sempre recebeu o mesmo tratamento das demais atividades comerciais, ao passo que, no Brasil e no México, as ferrovias desenvolveram-se desde o início por meio de um regime de concessões. Entre o final do século XIX e o início do século XX, tanto o Brasil quanto o México presenciaram processos similares de deterioração das ferrovias, que levaram à progressiva estatização das malhas ferroviárias na primeira metade do século XX, enquanto nos Estados Unidos e no Canadá, a maior estabilidade política e econômica propiciou uma expansão ferroviária constante e estável até a metade do século XX.

Também é possível observar que, por causa do menor crescimento em economias menos desenvolvidas no final do século XIX e da ausência de políticas públicas após as estatizações no século XX, as maiores ferrovias do Brasil não atingiram a abrangência das companhias Classe I dos Estados Unidos e do Canadá. A ampla maioria das companhias brasileiras classificadas em 1940 como de primeira categoria possuía abrangência limitada a pequenas regiões do país, ao passo que as malhas das ferrovias Classe I nos Estados Unidos e no Canadá estendiam-se por porções significativas dos territórios dos respectivos países. Em relação às ferrovias de pequeno porte, a disparidade é ainda maior: a ampla maioria das shortlines brasileiras era de capacidade e abrangência muito menores que de diversas ferrovias Classe III da América do Norte, que apresentaram maior êxito comercial ao longo dos séculos XIX a XXI.

A partir da metade do século XX, a indústria ferroviária presenciou um intenso processo de transformação decorrente do aumento da competição com os modais rodoviário e aeroviário, cujas principais características foram a erradicação de ramais de baixa densidade e a especialização do modal ferroviário nas expedições de maior densidade e percurso. Junto com a ampla modernização das ferrovias para a movimentação de composições cada vez maiores e mais pesadas, a supressão de linhas deficitárias é a marca mais notória do chamado "fim da era ferroviária". Entre 1950 e 2000, os quatro países presenciaram uma redução na extensão de suas malhas ferroviárias, sendo o último quartil do século XX o período no qual a erradicação de linhas férreas ocorreu de forma mais intensa, em decorrência da desregulamentação do setor de transportes.

A erradicação de linhas férreas ocorreu de forma mais intensa nos Estados Unidos (onde a malha passou dos 400 mil quilômetros para 216 mil quilômetros de linhas entre 1950 e 2000), seguido pelo Canadá (que presenciou uma redução de 77 mil para 49 mil quilômetros no mesmo intervalo de tempo) e depois pelo México (cuja redução foi de 24 mil para 15 mil quilômetros de linhas); no Brasil, o processo foi mais brando (redução de 38 mil para 29 mil quilômetros de linhas).

Entretanto, a natureza do processo de racionalização ocorrido na América do Norte difere do que foi feito no Brasil: enquanto o primeiro foi orientado majoritariamente por diretrizes econômicas, o segundo seguiu critérios políticos muitas vezes controversos e menos transparentes. Devido à crescente preferência dada ao transporte rodoviário no século XX, muitas linhas férreas tidas como antieconômicas foram erradicadas sem estudos aprofundados que contemplassem a possibilidade de incrementos operacionais para garantir a competitividade dos serviços ferroviários.

O tratamento dado às estradas de ferro no Brasil também diverge do praticado na América do Norte. Enquanto a classificação de categorias da STB e da Transport Canada foi mantida durante as reformas regulatórias, a classificação brasileira foi suprimida, após a unificação das ferrovias federais na RFFSA, e substituída por organizações de linhas férreas em subsistemas ferroviários cada vez maiores dentro do cenário nacional. Depois da privatização da RFFSA, não foi criada outra forma de classificação das diversas linhas que compõem o sistema ferroviário nacional ou qualquer regime de isenções regulatórias para a operação de ramais secundários dentro das concessões.

Ainda, os quatro países divergem quanto às reformas regulatórias no setor ferroviário: os Estados Unidos e o Canadá flexibilizaram as normas de atuação das companhias ferroviárias referentes a compra, venda, desativação de linhas férreas e precificação dos serviços de transporte e preservaram os serviços de transporte de passageiros por meio da criação de empresas estatais. Já o Brasil e o México transferiram a malha ferroviária para a iniciativa privada em regimes de concessão e suprimiram os serviços de transporte de passageiros de longo curso. Por fim, os modelos de concessão brasileiro e mexicano divergem quanto aos prazos dos contratos, mecanismos de compartilhamento de infraestrutura e incentivos concorrenciais, conforme será discutido no capítulo a seguir.

13
ENTRAVES AO DESENVOLVIMENTO DAS SHORTLINES NO BRASIL

Conforme observado no estudo da história ferroviária brasileira e da norte-americana, a reestruturação ferroviária ocorrida na segunda metade do século XX resultou na desativação de mais de um terço da malha ferroviária desses países. Todavia, em função dos diferentes ambientes regulatórios, as linhas desativadas tiveram destinos bastante distintos: enquanto nos Estados Unidos e no Canadá grande parte da malha desativada pelas principais companhias ferroviárias vem sendo revitalizada pelas shortlines, no Brasil e no México tais linhas permanecem ociosas ou subutilizadas. A questão que este tópico visa responder é: "Por que as shortlines floresceram nos Estados Unidos e no Canadá, mas no Brasil não?".

O principal obstáculo ao desenvolvimento das shortlines no Brasil é a forma de exploração do transporte ferroviário: como já mencionado, tal atividade é essencialmente competência da União desde 1934,[85] embora passível de ser transferida à iniciativa privada por meio da licitação de concessões de prazo determinado.[86] Tal modelo de con-

---

85. Art. 21, XIII, *d*.
86. As deficiências dos modelos de concessões são bem descritas por Carleial (2015). Para mais detalhes, ver o *site* disponível em: https://www.institutoliberal.org.br/blog/concessao-nao-e-privatizacao/. Acesso em: 6 jan. 2020.

cessão de bens e serviços públicos no Brasil se baseia na garantia de monopólio, o que restringe severamente incentivos para a melhoria de qualidade e redução de preços aos consumidores, já que impossibilita a entrada de novas empresas no mercado. Além disso, a qualidade dos serviços prestados aos clientes é inevitavelmente comprometida devido à constante imposição de metas de produtividade e de investimentos impostas pela agência reguladora.

Além da limitação da concorrência, o modelo de concessões também limita o horizonte temporal dos negócios. Como os contratos são de tempo limitado, o planejamento das empresas fica restrito ao período estabelecido nos contratos e, consequentemente, os investimentos nas concessões tendem a ser concentrados no início dos períodos contratuais — e apenas se o retorno puder ser embolsado dentro desse tempo. Tal limitação[87] se deve ao fato de as empresas não serem proprietárias, mas apenas operadoras dos negócios, que podem ser encerrados mediante cassação ou vencimento dos contratos.

Por causa dessa falta de incentivos à produtividade, as empresas tendem a realizar rigorosamente o mínimo que seus contratos permitem, resultando em uma deficiência crônica de investimentos no mercado ferroviário. Como foi observado pela CNI (2018), as concessionárias investem apenas o necessário para a manutenção do tráfego e para a movimentação de mercadorias dos acionistas embarcadores; para os demais clientes, oferecem os serviços de transporte pelos preços mais altos possíveis. Devido ao fato de os investimentos em remo-

---

87. Mises (1990, p. 729) descreve o fenômeno da redução dos investimentos de acordo com a falta de segurança jurídica e de garantia dos direitos de propriedade no mercado: existem circunstâncias institucionais que fazem com que as pessoas prefiram a satisfação no futuro próximo e desprezem inteiramente, ou quase inteiramente, a satisfação no futuro mais distante. Se, por um lado, a terra não pertence a proprietários individuais e, por outro lado, todas as pessoas, ou apenas um grupo favorecido por privilégios especiais ou por uma situação de fato, podem usá-la temporariamente em seu próprio benefício, a futura capacidade produtiva da terra não é motivo de preocupação. O mesmo caso ocorre quando o proprietário acredita que será expropriado num futuro não muito distante. Em ambos os casos, os agentes estão preocupados, exclusivamente, em extrair o máximo possível do solo no período que lhes resta. Não estão preocupados com as consequências mais remotas, decorrentes do método de exploração que adotaram. O amanhã, para eles, não importa.

delação apresentarem *payback*[88] mais prolongado que os prazos das concessões, muitos ramais secundários deixaram de receber atenção das concessionárias, que voltaram os recursos para os corredores de exportação, cujas operações são mais simples e o retorno, mais seguro no médio prazo.

Outros entraves importantes são a ausência de uma classificação de ferrovias em categorias, com o objetivo de conferir reduções de impostos e leis trabalhistas a eventuais shortlines que possam ser desenvolvidas no Brasil; bem como a ausência de mecanismos de transferência de linhas entre companhias ferroviárias. Como já observado, a realização de operações ferroviárias em ramais de pequeno porte e de manuseio de um portfólio mais diversificado de mercadorias frequentemente exige mais mão de obra e equipamentos do que processos, como o transporte de minérios e grãos, e, por isso, torna-se um processo que necessita, proporcionalmente, de mais capital intensivo, quanto menor for o porte da companhia ferroviária. Logo, a realização de reformas trabalhistas, tributárias e no mercado de crédito também se faz essencial para a viabilização de ferrovias de pequeno porte no país, bem como poderá facilitar uma diversificação do portfólio de mercadorias transportadas pelas ferrovias, dado que essas reestruturações influenciarão no custo de capital das companhias ferroviárias e propiciarão operações de menor rentabilidade.

---

88. Tempo que um investimento demora para retornar o capital aplicado.

14
CONSIDERAÇÕES FINAIS

Conforme observado no capítulo anterior, as razões pelas quais não ocorreu um florescimento de ferrovias regionais e locais no mercado ferroviário brasileiro devem-se a uma série de entraves relacionados à forma de exploração das ferrovias no país e do cenário macroeconômico. A viabilização das shortlines depende, portanto, do alinhamento de interesses de todos os stakeholders envolvidos no mercado ferroviário brasileiro e da elaboração de uma política pública de Estado que garanta uma transição adequada para o novo modelo a ser implementado. Visando esclarecer o que pode ser feito e modificado no atual cenário nacional, serão apresentadas a seguir as seguintes propostas para o fomento de novas iniciativas ferroviárias no mercado ferroviário:

- ampliação dos mecanismos de compartilhamento de infraestrutura;
- ampliação do uso do mecanismo de autorizações;
- criação de um mecanismo de transferência de linhas entre empresas;
- criação de um ambiente regulatório diferenciado para as shortlines;
- revisão do planejamento do setor de transportes;
- revisão do modelo de exploração do transporte como atividade comercial.

A falta de incentivos concorrenciais entre as concessionárias pode ser contornada com a ampliação de mecanismos de direito de passagem e modificações nos modelos de concessão, bem como a ampliação do uso de regimes de autorização[89] em detrimento das outorgas de concessão, com o objetivo de assegurar maior segurança jurídica,[90] autonomia gerencial e acesso à infraestrutura ferroviária. Outra medida de grande impacto é a criação de um mecanismo de fiscalização pelo poder público, como ocorre nos Estados Unidos e no Canadá, onde um embarcador não pode assinar com uma companhia ferroviária um contrato que prejudique a empresa de prestar serviços de transporte para outros clientes. Por fim, deve também ser criado um mecanismo que permita a transferência de linhas entre companhias ferroviárias, visando aliviar as atuais concessionárias da manutenção de ramais ociosos e viabilizar a aquisição dessas linhas por potenciais compradores interessados na operação de shortlines.

Com tais medidas, a redução das barreiras de entrada ao mercado ferroviário promoverá, a médio e a longo prazo, uma diversificação de serviços, propiciando que novas empresas possam prestar serviços de transporte ferroviário, indo além dos grandes embarcadores de minérios e grãos. Também é essencial a criação de uma classificação de companhias ferroviárias por porte e uma maior ênfase da regulação sobre as normas de segurança em detrimento da precificação de serviços. Entretanto, esse planejamento depende de outras alterações significativas no ambiente de negócios no país para a sua viabilização, tendo em vista as particularidades da indústria ferroviária.

---

89. Conforme definido no art. 13 da Lei nº 10.233/01, o regime de exploração do transporte ferroviário por autorização é apenas realizado em casos de prestação não regular de serviços de transporte, exploração de infraestrutura de uso particular, e serviços de transporte não associados à exploração de infraestrutura ferroviária (que é o caso dos operadores ferroviários independentes).

90. Uma característica importante do Direito administrativo brasileiro que deve ser eliminada é o caráter discricionário e unilateral das concessões e autorizações, que podem ser cassadas pelo poder público unilateralmente e a qualquer momento. Esse traço da legislação brasileira contrasta fortemente com os países norte-americanos, nos quais as autorizações e concessões somente podem ser cassadas em caso de não cumprimento das normas por parte do concessionário ou autorizatário.

Como as atividades ferroviárias que envolvem mais manobras e manuseio das mercadorias requerem um maior uso de mão de obra, a realização de uma reforma trabalhista impactará diretamente a indústria ferroviária com a flexibilização dos encargos trabalhistas para as ferrovias de menor porte. No referente à questão tributária, uma reforma que contemple a simplificação de tributos e a transferência da tributação do consumo para a renda seria de grande contribuição para facilitar a realização de investimentos e aliviar a carga tributária das pequenas e médias empresas (categoria na qual muitas eventuais shortlines deverão ser enquadradas). Essas medidas podem ser complementadas com programas de isenções regulatórias e com créditos tributários, com o intuito de reduzir os encargos trabalhistas e tributários, de acordo com as necessidades específicas dessa categoria na indústria ferroviária.

Quanto ao cenário macroeconômico, é essencial uma reestruturação que contemple a abertura do mercado bancário no Brasil e um reposicionamento[91] do governo no setor que proporcione, no longo prazo, uma redução sustentável das taxas de juros e, consequentemente, do custo de capital das empresas ferroviárias.[92] Também é necessário repensar o planejamento logístico do país no médio e no longo prazo, visto que o desenvolvimento das ferrovias de pequeno porte depende fortemente das condições do frete rodoviário. Muitos fluxos de mercadorias não cativas do modal ferroviário deixaram de ser transportados pelas ferrovias na década de 2000, quando o governo forneceu amplos programas de crédito para a renovação da frota de caminhões.

A viabilidade de iniciativas por parte dos governos estaduais e municipais também depende de uma revisão do pacto federativo, visto que a atual distribuição de recursos no setor público concentra mais recursos no Governo Federal do que nos estaduais e municipais. O

---

91. Para mais detalhes, ver o *site* disponível em: https://www.mises.org.br/Article.aspx?id=2407. Acesso em: 6 jan. 2020.
92. O custo de capital das companhias ferroviárias norte-americanas é, em média, 50% menor que o das brasileiras, em razão tanto das menores taxas de juros do mercado quanto do menor risco da atividade ferroviária.

exemplo mais notório no setor ferroviário é a Companhia Brasileira de Trens Urbanos (CTBU), empresa federal criada em 1984 com a finalidade de reestruturar os caóticos sistemas de trens de subúrbio da RFFSA e transferi-los aos governos estaduais. Entretanto, como muitos sistemas de subúrbio não foram estadualizados ou municipalizados devido à incapacidade dos estados em assumir as ferrovias,[93] esse tema pode ser retomado com o eventual tratamento de tais ferrovias, da mesma forma que as shortlines a serem desenvolvidas dentro do marco iniciado com o PL 261.[94]

Por fim, é necessária uma revisão do enquadramento das atividades de transporte de mercadorias. A maioria das empresas opta pelo transporte de cargas próprias por demandar apenas de resolução da ANTT para a sua regularização, enquanto o transporte de mercadorias de terceiros, por ser caracterizado como serviço público, necessita de outorga específica por parte do poder concedente. As consequências dessa disparidade regulatória entre os serviços de transporte podem ser observadas nas principais concessões ferroviárias do país, cujos acionistas das companhias são também os principais embarcadores delas.

Caso essa tendência não seja revertida, o crescimento da malha ferroviária e dos serviços de transporte deverá continuar limitado pelo mesmo motivo das atuais concessões, que são dependentes da movimentação de mercadorias dos acionistas das empresas. Esse modelo de exploração do transporte ferroviário limita a competição intramodal no mercado e vai contra o objetivo a ser buscado com a proposta de incentivos às shortlines no Brasil, que é a redução das barreiras de entrada para que qualquer empresa capaz de cumprir as

---

93. Dos oito sistemas suburbanos incorporados à CBTU, foram transferidos aos governos estaduais os sistemas de São Paulo, Rio de Janeiro, Fortaleza e Salvador, e a empresa permanece com as operações em Natal, João Pessoa, Recife e Belo Horizonte.
94. No final de 2018, foi elaborado o Projeto de Lei do Senado (PL) nº 261, contemplando as primeiras diretrizes a respeito do reaproveitamento de ramais ferroviários ociosos no Brasil que não sejam de interesse das atuais concessionárias, da autorregulação ferroviária e do tráfego em tais linhas. O projeto também prevê uma ampliação do uso do mecanismo de autorização para a operação de tais ramais, visando flexibilizar as operações em relação ao modelo de negócios baseado em concessões de prazo determinado.

normas técnicas possa realizar seus serviços no mercado. É necessário, portanto, uma revisão do processo de regularização das empresas de transporte para simplificar a prestação dos serviços de transporte de carga de terceiros e para destravar a oferta de serviços de transporte no mercado ferroviário.

Em resumo, os menores entraves à entrada no mercado ferroviário, como tratamento diferenciado de acordo com o porte de cada empresa, menores custos operacionais e de capital, e risco mais baixo são os principais fatores pelos quais o mercado ferroviário é muito mais desenvolvido na América do Norte do que no Brasil. Portanto, a viabilização de shortlines no Brasil dependerá do estabelecimento de um planejamento de longo prazo que vise ao estabelecimento de um ambiente de negócios favorável ao desenvolvimento ferroviário no país. Caso os próximos governos consigam realizar as reformas apontadas, a proposta das shortlines certamente será de grande contribuição para o reaproveitamento de grande parte da malha ferroviária, que atualmente encontra-se subutilizada ou ociosa, e uma expansão e diversificação do mercado ferroviário para além do transporte de minérios e grãos, além da consequente redução dos custos logísticos para muitas outras indústrias no país.

ANEXOS

*Trem de passageiros da E. F. Perus Pirapora, em Perus.
(Fotografia tirada por Nilson Rodrigues.)*

LINHA DO TEMPO

24/5/1830: Inauguração da primeira ferrovia nos Estados Unidos
21/7/1836: Inauguração da primeira ferrovia no Canadá
30/5/1849: Promulgação do Guarantee Act (CAN)
20/9/1850: Promulgação do Railroad Land Great Act (EUA)
30/4/1854: Inauguração da primeira ferrovia no Brasil
1/1/1873: Inauguração da primeira ferrovia no México
24/9/1873: Promulgação da Subvenção Quilométrica no Brasil
4/2/1887: Criação da ICC (EUA)
2/5/1889: Promulgação do Act for the Prevention and Suppression of Combinations (CAN)
2/7/1890: Promulgação do Sherman Act (EUA)
19/2/1903: Promulgação do Elkins Act (EUA)
29/6/1906: Promulgação do Hepburn Act (EUA)
18/6/1910: Promulgação do Mann-Elkins Act (EUA)
15/10/1914: Promulgação do Clayton Act (EUA)
28/12/1917: Estatização do sistema ferroviário com a criação da United States Railroad Administration (EUA)
1/3/1920: Devolução das ferrovias às companhias privadas (EUA)
9/8/1935: Promulgação do Motor Carrier Act (EUA)
2/11/1936: Início da atuação da Transport Canada (CAN)
18/9/1940: Promulgação do Transportation Act (EUA)
17/6/1948: Promulgação do Reed-Bullwinkle Act (EUA)
18/5/1950: Criação do Plano SALTE no Brasil
19/12/1950: Criação da CMBEU no Brasil
31/12/1953: Encerramento dos trabalhos da CMBEU (Brasil)
1/2/1956: Criação do Plano de Metas (Brasil)
16/3/1957: Criação da RFFSA (Brasil)
9/2/1967: Promulgação do National Transportation Act (CAN)
1/5/1971: Criação da Amtrak (EUA)

28/10/1971: Criação da Fepasa (Brasil)

2/1/1974: Promulgação do 3R Act (EUA)

5/2/1976: Promulgação do 4R Act (EUA)

1/4/1976: Criação da Conrail (EUA)

12/1/1977: Criação da Via Rail (CAN)

14/9/1980: Promulgação do Staggers Act (EUA)

15/3/1985: Fim dos repasses do Governo Federal à RFFSA (Brasil)

1/1/1988: Promulgação do National Transportation Act (CAN)

10/3/1992: Inserção da RFFSA no Programa Nacional de Desestatização (Brasil)

1/1/1996: Extinção da ICC e sua substituição pela STB (EUA)

29/5/1996: Promulgação do Canadian Transportation Act (CAN)

22/8/1998: Venda dos ativos da Conrail para a CSX Transportation e Norfolk Southern (EUA)

10/11/1998: Conclusão da privatização da malha ferroviária brasileira (Brasil)

4/6/2001: Extinção da FNM (México)

31/5/2007: Extinção da RFFSA (Brasil)

18/8/2016: Criação da Agencia Reguladora del Transporte Ferroviario (México)

ABREVIAÇÕES

AAR — Association of American Railroads

ABIFER — Associação Brasileira da Indústria Ferroviária

ALAF — Associación Latinoamericana de Ferrocarriles

ANPTrilhos — Associação Nacional de Transportadores de Passageiros sobre Trilhos

ANT — Agência Nacional dos Transportes

ANTF — Associação Nacional dos Transportadores Ferroviários

ANTP — Associação Nacional de Transportes Públicos

ANTT — Agência Nacional dos Transportes Terrestres
ASLRRA — American Shortline and Regional Railroad Association
BIRD — Banco Internacional para Reconstrução e Desenvolvimento
BNDE — Banco Nacional do Desenvolvimento Econômico (atual Banco Nacional do Desenvolvimento Econômico e Social [BNDES])
CBTU — Companhia Brasileira de Trens Urbanos
CFESP — Centro Ferroviário de Educação e Seleção Profissional (extinto)
CMBEU — Comissão Mista Brasil-Estados Unidos (extinta)
CNI — Confederação Nacional da Indústria
CNT — Confederação Nacional dos Transportes
CPR — Canadian Pacific Railroad
CVRD — Companhia Vale do Rio Doce (atual Vale S.A.)
DNEF — Departamento Nacional de Estradas de Ferro (extinto)
DNER — Departamento Nacional de Estradas de Rodagem (extinto)
EXIM Bank — Export and Import Bank of the United States
FNM — Ferrocarriles Nacionales de México
FRA — Federal Railroad Administration
GESFRA — Grupo Executivo de Substituição de Ferrovias e Ramais Antieconômicos
ICC — Interstate Commerce Commission
KCS — Kansas City Southern
MVOP — Ministério da Viação e Obras Públicas (extinto)
OECD — Organisation for Economic Co-operation and Development
OFI — Operador Ferroviário Independente
RAC — Railway Association of Canada
RFFSA — Rede Ferroviária Federal S.A. (extinto)
SCT — Secretaria de Comunicaciones e Transportes
SENAI — Serviço Nacional de Aprendizagem Industrial

STB — Surface Transportation Board
UP — Union Pacific Railroad
USRA — United States Railroad Administration (extinta)
USRA — United States Railway Association (extinta)

GUIA DE FIGURAS

Figura 1 — Regulamentação do preço em um monopólio natural 49

Figura 2 — Sistema ferroviário brasileiro em 2015 64
Subsistema Ferroviário Federal. Associação Nacional de Transportes Terrestres (ANTT), 2015. Centro-Oeste: ferreomodelismo, trens e ferrovias do Brasil. Disponível em: vfco.com.br. Acesso em 23 abr. 2020.

Figura 3 — Ferrovias brasileiras em 1930 72
I Centenário das Ferrovias Brasileiras. Instituto Brasileiro de Geografia e Estatística (IBGE)/Conselho Nacional de Geografia (CNG), 1954. Centro-Oeste: ferreomodelismo, trens e ferrovias do Brasil. Disponível em: vfco.com.br. Acesso em 23 abr. 2020.

Figura 4 — Organização da RFFSA em 1974 86
Sistemas Regionais. Rede Ferroviária Federal S.A. (RFFSA), 1974. Centro-Oeste: ferreomodelismo, trens e ferrovias do Brasil. Disponível em: vfco.brazilia.jor.br. Acesso em 23 abr. 2020.

Figura 5 — Organização da RFFSA em 1991 87
Rede Ferroviária Federal S.A. (RFFSA), 1991. Centro-Oeste: ferreomodelismo, trens e ferrovias do Brasil. Disponível em: vfco.brazilia.jor.br. Acesso em 23 abr. 2020.

Figura 6 — Sistema ferroviário brasileiro após privatização da RFFSA 89
Ferrovias de carga no Brasil. Associação Nacional dos Transportes Ferroviários (ANTF).

Figura 7 — Ferrovias desativadas no estado de São Paulo em 2019 95
Ferrovias Paulistas. Museu Ferroviário Paulista. Reddit. Disponível em: https://www.reddit.com/r/brasil/comments/8o1ota/ferrovias_paulistas_ativas_preto_e_desativadas/. Acesso em: 6 jan. 2020.

Figura 8 — Companhias ferroviárias norte-americanas
Classe I de transporte de cargas 103
Ferrovias de carga na América do Norte. Association of American Railroads (AAR).

Figura 9 — Serviços de passageiros de longo curso nos
Estados Unidos 104
The Amtrak Network.

Figura 10 — Serviços de passageiros de longo curso no
Canadá 104
Via Rail Canada.

Figura 11 — Expansão ferroviária nos
Estados Unidos (1870-1890) 107
Crescimento rastreado dos Estados Unidos: trilhos do final do século XIX ligavam um oceano ao outro. Caryl-Sue, The National Geographic Society. Sean P. O'Connor (ed.). Disponível em: https://www.nationalgeographic.org/maps/tracking-growth-us/?utm_source=-BibblioRCM_Row.

Figura 12 — Performance das ferrovias nos Estados Unidos
após o Staggers Act 116
Association of American Railroads (AAR).

Figura 13 — Lucratividade das ferrovias nos Estados Unidos 117
Association of American Railroads (AAR).

Figura 14 — Sistema ferroviário mexicano 122
Capital Mexico. Sistema ferroviário do México. Disponível em: https://www.capitalmexico.com.mx/nacional/rutas-tren-mexico-mapa-videos/.

Figura 15 — Direito de passagem e compartilhamento
de infraestrutura no México 122
Wikiwand. Transporte ferroviário no México. Disponível em: https://www.wikiwand.com/en/Rail_transport_in_Mexico.

Figura 16 — Mapa das shortlines nos Estados Unidos 128
The American Short Line and Regional Railroad Association (ASLRRA).

Figura 17 — Mapa das shortlines no Canadá 128
Railway Association of Canada (RAC).

GUIA DE TABELAS

Tabela 1 — Companhias ferroviárias do Brasil
na década de 1940 76

Tabela 2 — Principais extensões de ramais ferroviários
a serem erradicados em 1960 83

Tabela 3 — Reestruturações do sistema
ferroviário brasileiro 90

Tabela 4 — Situação da malha ferroviária
brasileira em 2019 96

Tabela 5 — Trechos e ramais subutilizados no Brasil 97

Tabela 6 — Atuação das companhias
Classe I norte-americanas 117

Tabela 7 — Classificação de vias férreas
nos Estados Unidos 118

Tabela 8 — Classificação de vias férreas no Canadá 118

REFERÊNCIAS BIBLIOGRÁFICAS

DECRETOS E LEIS

BRASIL. Decreto nº 101, de 31 de outubro de 1835.
_____. Decreto nº 982, de 12 de junho de 1852.
_____. Decreto nº 641, de 26 de junho de 1852.
_____. Decreto nº 4.674, de 10 de janeiro de 1871.
_____. Decreto nº 5.106, de 5 de outubro de 1872.
_____. Decreto nº 2.450, de 24 de setembro de 1873.
_____. Decreto nº 7.959, de 21 de fevereiro de 1880.
_____. Decreto nº 8.947, de 19 de maio de 1883.
_____. Decreto nº 12.674, de 22 de junho de 1943.
_____. Decreto nº 18.087, de 20 de fevereiro de 1948.
_____. Decreto nº 38.744, de 1º de fevereiro de 1956.
_____. Decreto nº 3.115, de 16 de março de 1957.
_____. Decreto nº 58.341, de 3 de maio de 1966.
_____. Decreto nº 58.992, de 4 de agosto de 1966.
_____. Decreto nº 10.410, de 28 de outubro de 1971.
_____. Decreto nº 81.889, de 5 de julho de 1978.
_____. Decreto nº 89.396, de 22 de fevereiro de 1984.
_____. Decreto nº 473, de 10 de março de 1992.
_____. Decreto nº 2.502, de 18 de fevereiro de 1998.
_____. Decreto nº 4.109, de 30 de janeiro de 2002.
_____. Decreto nº 4.839, de 12 de setembro de 2003.

BRASIL. Decreto nº 5.103, de 11 de junho de 2004.

_____. Decreto nº 5.476, de 23 de junho de 2005.

_____. Decreto nº 7.267, de 19 de agosto de 2010.

_____. Decreto-Lei nº 3.163, de 31 de março de 1941.

_____. Decreto-Lei nº 4.048, de 22 de janeiro de 1942.

_____. Decreto-Lei nº 8.463, de 27 de dezembro de 1945.

_____. Decreto-Lei nº 2.698, de 27 de dezembro de 1955.

_____. Decreto-Lei nº 1.940, de 25 de maio de 1982.

_____. Lei nº 560, de 31 de dezembro de 1898.

_____. Lei nº 1.145, de 31 de dezembro de 1903.

_____. Lei nº 467, de 31 de julho de 1937.

_____. Lei nº 1.102, de 18 de maio de 1950.

_____. Lei nº 1.628, de 20 de junho de 1952.

_____. Lei nº 2.698, de 27 de dezembro de 1955.

_____. Lei nº 8.020, de 12 de abril de 1990.

_____. Lei nº 8.987, de 13 de fevereiro de 1995.

_____. Lei nº 3.277, de 7 dezembro de 1999.

_____. Lei nº 10.233, de 7 de junho de 2001.

_____. Lei nº 11.483, de 31 de maio de 2007.

_____. Lei nº 11.772, de 17 de setembro de 2008.

CANADÁ. Guarantee Act, de 1849.

_____. Act for the Prevention and Suppression of Combinations, de 2 de maio de 1889.

_____. National Transportation Act, de 9 de fevereiro de 1967.

_____. National Transportation Act, de 1º de janeiro de 1988.

_____. Canadian Transportation Act, de 29 de maio de 1996.

ESTADOS UNIDOS DA AMÉRICA. Railroad Land Grant Act, de 20 de setembro de 1850.

_____. Pacific Railroad Act, de 1º de julho de 1862.

_____. Pacific Railroad Act, de 3 de março de 1863.

ESTADOS UNIDOS DA AMÉRICA. Pacific Railroad Act, de 2 de julho de 1864.

_____. Pacific Railroad Act, de 3 de março de 1865.

_____. Pacific Railroad Act, de 15 de junho de 1866.

_____. Interstate Commerce Commission Act, de 1887.

_____. Sherman Act, de 2 de julho de 1890.

_____. Hepburn Act, de 29 de junho de 1906.

_____. Mann-Elkins Act, de 18 de junho de 1910.

_____. Clayton Act, de 15 de outubro de 1914.

_____. Esch-Cummins Act, de 28 de fevereiro de 1920.

_____. Motor Carrier Act, de 9 de agosto de 1935.

_____. Transportation Act, de 18 de setembro de 1940.

_____. Reed Bulwinkle Act, de 28 de maio de 1948.

_____. Regional Rail Reorganization Act, de 1973, de 2 de janeiro de 1974.

_____. Railroad Revitalization and Regulatory Reform act, de 5 de fevereiro de 1976.

_____. Staggers Act, de 14 de outubro de 1980.

_____. Interstate Commerce Commission Termination Act, de 29 de dezembro de 1995.

PUBLICAÇÕES

ABREU, M. P. A dívida pública externa do Brasil, 1824-1931. *Estudos Econômicos*, v. 15, n. 2, p. 168, maio/ago. 1985.

_____. British Business in Brazil: maturity and demise (1850-1950). *Rev. Bras. Econ.*, Rio de Janeiro, v. 54, n. 4, p. 383-413, dez. 2000.

ARMENTANO, Dominick. A Critique of Neoclassical and Austrian Monopoly Theory. In: SPADARO, Louis M. (Ed.). *New Directions in Austrian Economics*. Kansas City: Sheed Andrrews and McMeel, 1978.

BASTOS, J. P. Competição e monopólio: a Escola Austríaca e o mainstream. *Mises Journal* [Internet] 2016 Dec. 1 [cited 2020 Jan. 21];4(2):

377-90. Available from: https://revistamises.org.br/misesjournal/article/view/137.

BRASIL. Constituição (1891). Constituição dos Estados Unidos do Brazil. Brasília, DF: Senado Federal: Secretaria Federal de Editoração e Publicações. 103p.

_____. Constituição (1934). Constituição dos Estados Unidos do Brazil. Brasília, DF: Senado Federal: Secretaria Federal de Editoração e Publicações. 162p.

_____. Constituição (1946). Constituição dos Estados Unidos do Brazil. Brasília, DF: Senado Federal: Secretaria Federal de Editoração e Publicações. 121p.

_____. Constituição (1967). Constituição da República Federativa do Brasil. Brasília, DF: Senado Federal: Secretaria Federal de Editoração e Publicações. 206p.

_____. Constituição (1988). Constituição da República Federativa do Brasil. Brasília, DF: Senado Federal: Secretaria Federal de Editoração e Publicações. 292p.

_____. *Programa de Metas do presidente Juscelino Kubitschek*. Rio de Janeiro, 1958.

_____; MVOP. *Estatística das estradas de ferro da União e fiscalizadas pela União relativas ao anno de 1904*. Rio de Janeiro: Imprensa Nacional, 1906.

_____. *Estatística das estradas de ferro da União e fiscalizadas pela União relativas ao anno de 1905 anexo ao relatório de 1906*. Rio de Janeiro: Imprensa Nacional, 1907.

_____. *Estatística das estradas de ferro da União e das fiscalizadas pela União relativa ao anno de 1909*. Rio de Janeiro: Imprensa Nacional, 1911.

_____. *Estatísticas das estradas de ferro da União e fiscalizadas pela União relativa ao anno de 1910*. Rio de Janeiro: Imprensa Nacional, 1911.

_____. *Estatística das estradas de ferro da União e fiscalizadas pela União relativa ao anno de 1914*. Rio de Janeiro, 1919.

_____. *Estatística das estradas de ferro da União e fiscalizadas pela União relativa ao anno de 1920*. Rio de Janeiro, 1924.

_____. *Estatística das estradas de ferro do Brasil relativa ao anno de 1940*. Rio de Janeiro: Imprensa Nacional, 1943.

BRASIL; MVOP; DNEF. *Estatística das estradas de ferro do Brasil relativa ao anno de 1948/1951*. Rio de Janeiro, 1955.

_____. *Estatística das estradas de ferro do Brasil relativa ao anno de 1954*. Rio de Janeiro, 1958.

CALDEIRA, J. *História da Riqueza no Brasil*: cinco séculos de pessoas, costumes e governos. São Paulo: Mameluco, 2017.

CARVALHO, E.; PARANAÍBA, A. *Transportar é preciso!* Uma proposta liberal. São Paulo: Editora LVM, 2019.

CAVALIERI, C. et al. *Microeconomia em ação*: comportamento racional e estruturas de mercado. São Paulo: Évora, 2018.

COASE, R. The problem of social cost. *Journal of Law and Economics*, v. 3, p. 1-44, Oct. 1960.

COMISSÃO Mista Brasil-Estados Unidos para o Desenvolvimento Econômico. *Relatório Geral*. Rio de Janeiro, 1954. t. I e II.

DAYCHOUM, M. T. *Regulação e concorrência no transporte ferroviário. Um estudo das experiências brasileira e alemã*. Rio de Janeiro, 2013. Dissertação (Graduação em Direito) — Fundação Getulio Vargas.

DEMSETZ, H. *The organization of economic activity*: Efficiency, competition and policy. Basil Blackwell, 1988.

DILORENZO, T. J. The Myth of Natural Monopoly. *The Review of Austrian Economics*, v. 9, 1996.

_____. *How capitalism saved America*: The untold story of our country, from the pilgrims to the present. New York: Crown Publishing Group, 2004.

DUE, J. F. et al. The Experience with New Small and Regional Railroads, 1997-2001. *Transportation Journal*, v. 42, n. 1, p. 5-19, 2002.

DURÇO, F. F. *A regulação do setor ferroviário brasileiro*: monopólio natural, concorrência e risco moral. São Paulo, 2011. Dissertação (Mestre em Economia) — Escola de Economia de São Paulo, Fundação Getulio Vargas.

DURÇO, F. F. *A regulação do setor ferroviário brasileiro*. Belo Horizonte: Arraes Editores, 2015.

EDMUNDSON, William. *A Gretoeste*: história da rede ferroviária Great Western of Brazil. Belo Horizonte: Editora Ideia, 2016.

ESTRADA de ferro do Brasil. *Revista Ferroviária*, Rio de Janeiro, 1954-1965. Mensal.

FERROVIAS: investimentos nos trilhos. *Revista de Agronegócios da FGV*, Rio de Janeiro, ago. 2005.

FERROVIAS: substituição de ramais deficitários. *Conjuntura Econômica*, Rio de Janeiro, jul. 1960.

_____. *Ferrovias: nova política?* Rio de Janeiro, out. 1962.

_____. *Ferrovias inacabadas do Nordeste*. Rio de Janeiro, dez. 1963.

_____. *Ferrovia ou rodovia?* Rio de Janeiro, jan. 1965.

FRIEDLAND, C.; STIGLER, G. What Can Regulators Regulate? The Case of Electricity. *Journal of Law and Economics*, p. 1-16, Oct. 1962.

GOMIDE, Alexandre de Ávila. *A política das reformas institucionais no Brasil: a reestruturação do setor de transportes*. São Paulo, 2011. Tese (Doutorado em Transportes) — Escola de Administração de Empresas de São Paulo, Fundação Getulio Vargas.

GRIMM, C. M.; SAPIENZA, H. J. Determinants of Shortline Railroad Performance. *Transportation Journal*, v. 32, n. 3, p. 5-13, 1993.

HARDY, O. The revolution and the railroads of Mexico. *Pacific Historical Review*, v.3, n.3, p. 249-269, 1934.

HAYEK, F. A. *Individualism & Economic Order*. The University of Chicago Press, 1948.

_____. The Theory of Complex Phenomena. In: _____. *Studies in Philosophy, Politics and Economics*. London, UK: Routledge & Kegan Paul, 1967.

LANZA, J. F. R.; DILORENZO, T. J. The origins of the antitrust movement. *Mises Journal* [Internet]. 2019Aug.19 [cited 2020Jan.21];7(2). Available from: https://revistamises.org.br/misesjournal/article/view/1177.

LOPES, M. *O fracasso da Comissão Mista Brasil-Estados Unidos e os rumos da política econômica no segundo governo Vargas (1951-1954)*. São Paulo, 2009. Dissertação (Mestrado em Economia) — Pontifícia Universidade Católica de São Paulo.

MACHOVEC, F. M. *Perfect Competition and the Trasformation of Economics*. Londres: Routledge, 1995.

MANKIW, N. G. *Princípios de microeconomia*. São Paulo: Pioneira Thomson Learning, 2005.

MIGUEL, P.; REIS, M. Panorama do transporte ferroviário no Brasil. *Revista Mundo Logística*, São Paulo, jul. 2015.

MISES, L. *Ação humana*: um tratado de economia. 3. ed. Rio de Janeiro: Instituto Liberal, 1990.

NUNES, I. *Douradense*: a agonia de uma ferrovia. São Paulo: Annablume, 2005.

_____. Expansão e crise das ferrovias brasileiras nas primeiras décadas do século XX. *Am. Lat. Hist. Econ*, São Paulo, v. 23, n. 3, p. 204-235, dez. 2016.

PERKINS, S. Regulation, competition and performance of Mexico's freight railroads. *Network Industries Quarterly*, v.18, n.4, 2016.

PINDYCK, R.; RUBINFELD, D. L. *Microeconomia*. São Paulo: Pearson, 2002.

PINHEIRO, A. C.; RIBEIRO, L. C. *Regulação das ferrovias*. FGV, 2017.

ÓNODY, Oliver. *A inflação brasileira (1820-1958)*. Rio de Janeiro: Civilização, 1960.

ROTHBARD, M. *Man, Economy and the State*. 2. ed. Ludwig von Mises Institute, 2004.

_____. *Power and Market*. Ludwig von Mises Institute, 2006.

SANTOS, S. dos. *Transporte ferroviário*: história e técnicas. Cengage Learning, 2012.

STIGLER, G. J. The theory of economic regulation. *The Bell Journal of Economics and Management Science*, v. 2, i. 1, 1971.

TELLES, P. C. da S. *História da Engenharia no Brasil*. Rio de Janeiro: Clube de Engenharia, 1984.

TENCA, A. *Senhores dos Trilhos*. São Paulo: Ed. da Unesp, 1987.

VISCUSI, W. K.; HARRINGTON JR., J. E.; VERNON, J. M. *Economics of regulation and antitrust*. 4. ed. Massachusetts: MIT Press, 2005.

WALRAS, Léon. *Élements d'économie politique pure*. Hachette Livre-BNF, 2018.

WEBSITES

AGÊNCIA NACIONAL DOS TRANSPORTES TERRESTRES. Disponível em: http://www.antt.gov.br.

AMERICAN RAILS. Disponível em: https://www.american-rails.com.

AMERICAN SHORTLINE AND REGIONAL RAILROAD ASSOCIATION. Disponível em: https://www.aslrra.org.

AMTRAK. Disponível em: https://www.amtrak.com.

ASSOCIAÇÃO NACIONAL DOS TRANSPORTADORES FERROVIÁRIOS. Disponível em: https://www.antf.org.br.

ASSOCIATION OF AMERICAN RAILROADS. Disponível em: https://www.aar.org.

BANCO NACIONAL DO DESENVOLVIMENTO ECONÔMICO E SOCIAL. Disponível em: https://www.bndes.gov.br.

BNSF RAILWAY. Disponível em: http://www.bnsf.com.

CANADIAN NATIONAL RAILWAY. Disponível em: https://www.cn.ca.

CANADIAN PACIFIC RAILWAY. Disponível em: https://www.cpr.ca.

CAPITAL MEXICO. Disponível em: https://www.capitalmexico.com.mx.

CENTRO-OESTE. Disponível em: http://vfco.brazilia.jor.br.

CONFEDERAÇÃO NACIONAL DA INDÚSTRIA. Disponível em: http://www.portaldaindustria.com.br/cni.

CSX TRANSPORTATION. Disponível em: https://www.csx.com.

FEDERAL RAILROAD ADMINISTRATION. Disponível em: https://railroads.dot.gov.

FERREOCLUBE. Disponível em: http://www.ferreoclube.com.br.

FERROMEX. Disponível em: https://www.ferromex.com.mx.

INSTITUTO LIBERAL. Disponível em: https://www.institutoliberal.org.br.

INSTITUTO MISES BRASIL. Disponível em: https://www.mises.org.br.

INSTITUTO ORDEM LIVRE. Disponível em: http://ordemlivre.org.

KANSAS CITY SOUTHERN. Disponível em: http://www.kcsouthern.com.

MISES INSTITUTE. Disponível em: https://mises.org.

NORFOLK SOUTHERN. Disponível em: http://www.nscorp.com.

ORGANISATION FOR ECONOMIC CO-OPERATION AND DEVELOPMENT. Disponível em: http://www.oecd.org.

RAILPICTURES. Disponível em: https://www.railpictures.net.

RAILWAY ASSOCIATION OF CANADA. Disponível em: https://www.railcan.ca.

RAILWAY GAZETTE. Disponível em: http://www.railwaygazette.com.

SURFACE TRANSPORTATION BOARD. Disponível em: https://www.stb.gov.

TRANSPORT CANADA. Disponível em: https://www.tc.gc.ca.

UNION INTERNATIONALE DES CHEMINS DE FER. Disponível em: https://uic.org.

UNION PACIFIC RAILROAD. Disponível em: https://www.up.com.

VIA RAIL. Disponível em: https://www.viarail.ca.

WIKIWAND. Disponível em: https://www.wikiwand.com.

Esta obra foi composta em Constantia 11 pt e impressa em
papel Offset 90 g/m² pela gráfica Meta.